国家中等职业教育改革发展示范校建设系列教材

现代水利科技形势

主　编　杨言国

副主编　徐洲元　李贵兴

中国水利水电出版社

www.waterpub.com.cn

内 容 提 要

本书主要介绍现代水利建设中涉及的一些工程问题。内容包括我国水资源现状、我国水利建设的发展与成就、现代水资源利用、现代水利工程、现代水工新技术与新工艺、现代水工新材料与新设备。

本书可作为中等职业学校水利类专业学生的入门教材，也可供水利工程技术人员阅读参考。

图书在版编目（CIP）数据

现代水利科技形势 / 杨言国主编. -- 北京 : 中国水利水电出版社, 2015.1
国家中等职业教育改革发展示范校建设系列教材
ISBN 978-7-5170-2925-0

Ⅰ. ①现… Ⅱ. ①杨… Ⅲ. ①水利建设－中等专业学校－教材 Ⅳ. ①TV

中国版本图书馆CIP数据核字(2015)第023612号

审图号：GS（2014）5143 号

书　　名	国家中等职业教育改革发展示范校建设系列教材 **现代水利科技形势**
作　　者	主编　杨言国　副主编　徐洲元　李贵兴
出版发行	中国水利水电出版社 （北京市海淀区玉渊潭南路 1 号 D 座　100038） 网址：www.waterpub.com.cn E-mail：sales@waterpub.com.cn 电话：（010）68367658（发行部）
经　　售	北京科水图书销售中心（零售） 电话：（010）88383994、63202643、68545874 全国各地新华书店和相关出版物销售网点
排　　版	中国水利水电出版社微机排版中心
印　　刷	北京瑞斯通印务发展有限公司
规　　格	184mm×260mm　16 开本　9 印张　219 千字　4 插页
版　　次	2015 年 1 月第 1 版　2015 年 1 月第 1 次印刷
印　　数	0001—3000 册
定　　价	**25.00** 元

凡购买我社图书，如有缺页、倒页、脱页的，本社发行部负责调换

甘肃省水利水电学校教材编审委员会

前　言

本书是根据“国家中等职业教育改革发展示范学校建设计划”中创新教育内容的要求进行编写的，主要是为实现现代水利中等职业教育的人才培养规格与人才培养目标。本书重点介绍我国水资源现状及其利用情况，我国古代水利建设成就、现代著名水利工程以及现代水工新技术、新工艺、新材料和新设备。

中等职业教育培养方向主要是高素质技能型人才，了解和掌握我国水资源现状与利用、水利建设成就、现代水利工程及目前在水利工程建设中应用的水工新技术、新工艺、新材料、新设备至关重要。本书对各类型水电站也有相应的实例，对水电站的控制数据（库容、坝高、装机和调洪能力等）都有介绍，编写时采用了较多的实例，叙述简单明了，尽量避免大篇幅的文字叙述，力争做到图文并茂、通俗易懂。

编者希望本书在中等职业教育水利类专业的教学中能激发学生的学习兴趣，提高学生的学习积极性和主动性，树立正确的专业思想，也能在今后的工作中作为参考资料备阅，使得教材具有较高的参考价值。

本书由甘肃省水利水电学校杨言国担任主编。本书学习情境一由甘肃省水利水电学校教师徐洲元编写；学习情境二由甘肃省水利水电学校教师杨言国和高丽共同编写；学习情境三由甘肃省水利水电学校教师杨言国和李芳共同编写；学习情境四由甘肃省水利水电学校教师张启旺和中国水利水电第四工程局高级工程师李贵兴共同编写；学习情境五由甘肃省水利水电学校教师杨言国和刘睿编写；学习情境六由徐洲元和李贵兴编写。本书编写过程中得到了中国水利水电第二工程局高级工程师杨金龙、中国水利水电第四工程局高级工程师王福让、中国水利水电第四工程局高级工程师阎有江、中国水利水电第四工程局高级工程师王贤、中国水利水电第十一工程局高级工程师李晗、甘肃省水利水电勘测设计院高级工程师王振强及甘肃省水利水电学校水工系各位老师的大力支持，在此深表感谢。本书编写时参考了已出版的多种相关培训教材和著作，在此对这些教材和著作的编著者，一并表示谢意。

限于编者的专业水平和实践经验，本书疏漏或不当之处在所难免，恳请读者指正。

作者
2014年7月

目　　录

学习情境一　我国水资源现状

【学习目标】

通过学习，使学生了解我国水资源的概况、特点，熟悉我国水系及水资源的利用现状和存在的问题，关注水资源的有限性及我国水资源的缺水现状，初步形成节约用水意识。培养学生对环境、资源的保护意识和法制意识，初步形成可持续发展的观念，树立为水利事业献身的意识。

【学习任务】

了解我国水资源的概况、时间分配的特点及其形成原因。各流域图和水系图熟知我国水系和甘肃省的水系分布，利用数据图表了解我国水资源利用现状及存在的问题，列举近年来发生的水污染事件，使学生关注我国水资源污染现状及治理措施。

【任务分析】

水是基础性的自然资源和战略性的经济资源，是农业的命脉、工业的血液、城市的灵魂、生命的源泉，是地球上所有生物的生存之本，是地球系统中最活跃和影响最广泛的物质。水是生态系统物质循环和能量流动的主要载体。人类四大文明是伴随着对河流的开发而发祥起来的。因此，避水而居与逐水草而居，构成了人类早期认识水文规律、开发利用水资源的基本内容。古埃及文明发祥于尼罗河流域，中华文明发祥于黄河流域，美索不达米亚文明发祥于底格里斯河和幼发拉底河两河流域，古印度文明发祥于印度河流域。由此可见，水在人类社会的发展和进步过程中，起着一种不可替代的特殊作用；而且，随着人类文明的发展进步，它的战略性资源地位日益显著。

我国淡水资源总量约为28000亿 m^3，占全球水资源的6%，仅次于巴西、俄罗斯和加拿大，居世界第四位，但是我国人口最多，人均占有量低，且水资源时空分布不均匀，南多北少。随着社会经济的高速发展及人们生活水平的提高，导致对水资源的需求与日俱增，特别是城市人口剧增、生态环境恶化、工农业用水技术落后、浪费严重、水源污染等使原本贫乏的水“雪上加霜”，而成为国家经济建设发展的瓶颈。

实现水资源的可持续利用，保障经济社会的可持续发展，是社会共同面临且亟待解决的重大问题。水资源始终处于水气循环的不断往复过程中，由海洋而陆地，再由陆地而海洋，这一转换过程，也是降水-蒸发-降水的循环往复过程，如图1-1所示。了解我国水资源现状，使学生树立为水利事业奋斗的使命信念，这将有助于提升学生的学习兴趣，拓宽学生的就业事业，提高专业教育教学质量。

图 1-1 水文循环示意图

【任务实施】

一、全球水资源总体状况

地球表面 74%被水覆盖，其中海洋占表面积的 71%。地球上的水非常丰富，全球水储量约为 13.86×10^{5} 万亿 m^3，并以液态、气态和固态三种形式存在于地球的自然环境中，组成了一个连续的、不规则的水圈。在全球水储量中，海洋水占 97.5%，约为 13.51×10^{5} 万亿 m^3，是水圈的主体；陆地水只占 2.5%，只有 0.35×10^{5} 万亿 m^3，而在陆地淡水中，又有 77.1%以固态形式的冰川水分布在南北极，22.5%分布在很难开发的地下深处，人类无法或很难利用，这就使得人类的用水范围小的可怜——地球上真正能被人类直接利用的，是存在于大气和河流、湖泊中的淡水以及浅层地下水，约为 140 万亿 m^3，仅占全球陆地淡水储量的 0.4%，如图 1-2 所示，这是水资源总量的绝对有限性；由于大气降水在时间和空间分布上的严重差异，导致水土流失严重，洪涝旱灾频繁，年际间丰枯

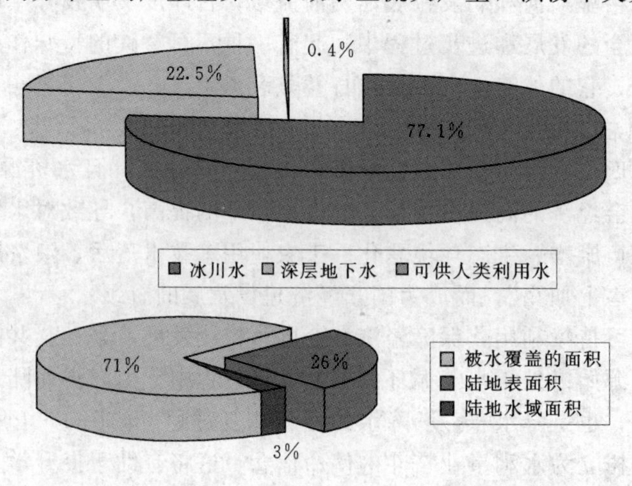

图 1-2 全球陆地、水体及人类可利用量比例示意图

不均，区域间旱涝不匀，干旱或半干旱地区可利用的淡水资源极度匮乏，这是区域水资源量的相对有限性。这种有限性决定了水资源绝非是取之不尽、用之不竭的。

全球淡水资源不仅短缺而且地区分布极不平衡。按地区分布，巴西、俄罗斯、加拿大、美国、印度尼西亚、中国、印度、日本等8个国家的淡水资源占了世界淡水资源的51%，见表1-1。各国水资源总量、人均及亩均柱状图如图1-3所示。

表1-1　　世界排名前8位水量及人均、亩均水资源量表

国家名称	年径流总量/亿 m^3	年径流深/mm	人口/亿人	人均水量/(m^3/人)	耕地/亿亩	亩均水量/(m^3/亩)
巴西	51912	609	1.696	30608	4.85	10704
俄罗斯	44949	211	1.429	31455	18.75	2397
加拿大	31220	313	0.315	67365	10.2	2080
美国	29702	317	2.937	10113	28.4	1046
印度尼西亚	28113	1476	1.95	14417	2.835	9916
中国	28000	284	13.079	2141	18.31	1529
印度	17800	514	9.6	1854	21.45	830
日本	5470	1470	1.239	4415	0.76245	7174
全世界	468000	314	61.362	7627	225	2080

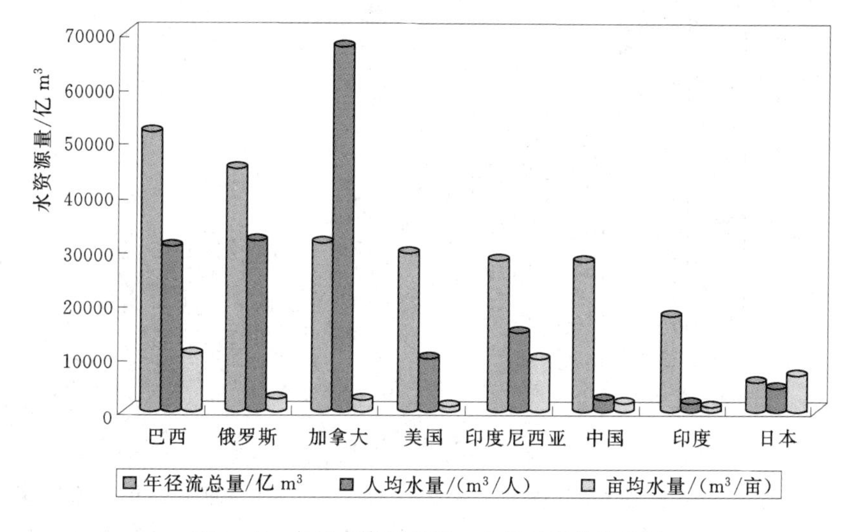

图1-3　各国水资源总量、人均及亩均柱状图

人口的增长，工农业生产的飞速发展，导致用水量的剧增。50年来，全世界工业用水量增长了20倍，农业用水量增加了7倍。世界上四个最大的用水国是：美国、俄罗斯、印度和中国。它们的人口占世界人口的44%，灌溉土地面积占全球的70%，用水量占全球用水量的45%。

二、我国水资源概况

我国是一个严重干旱缺水的国家。淡水资源总量为28000亿 m^3，占全球水资源的

6%，仅次于巴西、俄罗斯、加拿大、美国、印度尼西亚，居世界第六位，但由于土地辽阔，人口众多，平均径流深（284mm）低于全球平均径流深（314mm），人均只有2141m³，仅为世界平均水平（7627m³/人）的近1/4、美国的1/5，俄罗斯的1/14，加拿大的1/60，在世界上名列121位，是全球13个人均水资源最贫乏的国家之一。扣除难以利用的洪水径流和散布在偏远地区的地下水资源后，中国现实可利用的淡水资源量则更少，仅为11000亿m³左右，人均可利用水资源量约为840m³，并且其分布极不均衡。长江以北地区人均水资源只有700m³，而在长江以南地区，人均水资源多达3400m³。全国600多座城市中，已有400多个城市供水不足，其中比较严重的缺水城市达110个，全国正常年份缺水400多亿m³，城市缺水总量为60亿m³，农业缺水300多亿m³，我国用全球6%的水资源养活了占全球21%的人口。

1. 降水量及其分布

全国多年平均降水总量为61889亿m³，折合面平均年降水量为648mm。降水量在地区分布上很不均匀。如图1-4所示，在全国十大流域片中，长江、珠江、西南诸河、东南诸河等四个流域片的面平均年降水量均超过1000mm，最大的为东南诸河片，高达1758mm；北方黄河、松辽河、海河、黑龙江、淮河、内陆河六片的面平均年降水量，除淮河流域片外均小于全国面平均年降水量，最小的为内陆河片，只有154mm。南方四片面平均年降水量1204mm，北方六片面平均年降水量330mm，前者是后者的3.6倍。

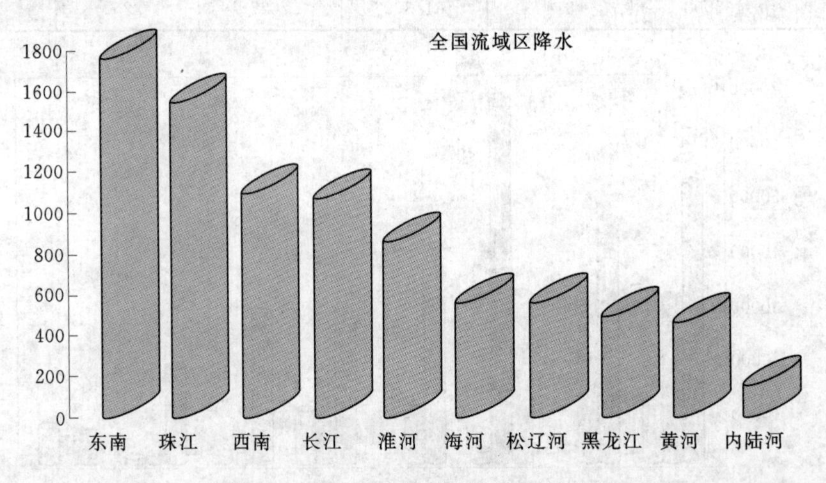

图1-4　全国各流域分区降水量柱状图

如图1-5所示，在全国32个省（自治区、直辖市）中，面平均年降水量最大的为台湾（2429mm），其次为广东（1772mm）和海南（1756mm）；面平均年降水量最小的为新疆（147mm），其次为内蒙古（276mm）、甘肃（277mm）、青海（286mm）和宁夏（305mm），甘肃排名第30位。

2. 水资源的数量

(1) 地表水资源量。全国多年平均自产水资源量为28000亿m³，折合年径流深284mm，地区差别上比降水量还大。南方四片平均年径流深达650mm，北方六片平均年径流深只有74mm，前者为后者的8.8倍。南方四片面积只有全国面积的36.3%，而年径

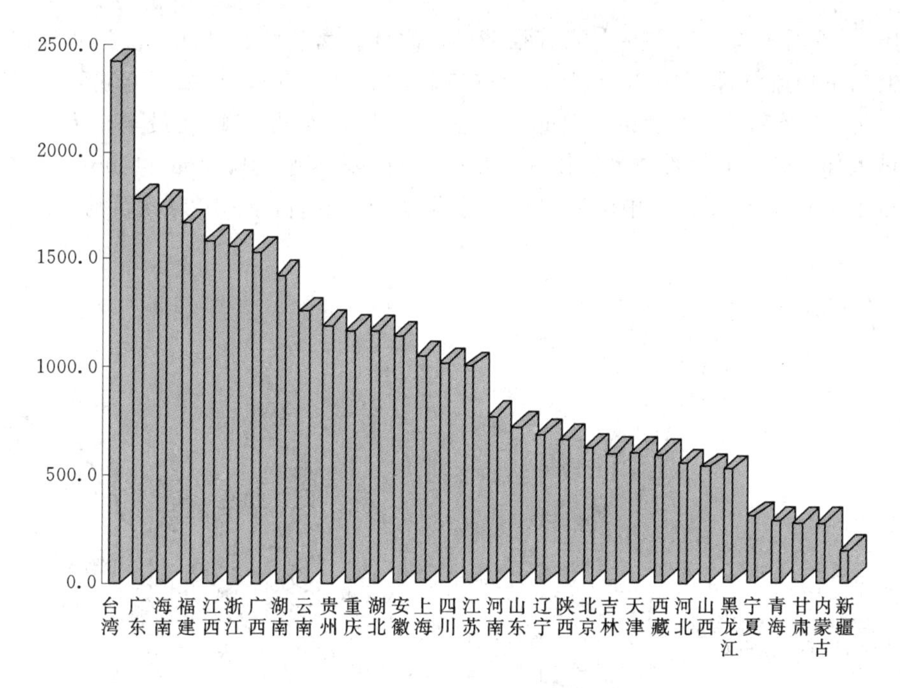

图 1－5　全国各省年降水量柱状图

流量却占全国年径流总量的 83.4%。在十大流域片中，年径流深最大的为东南诸河片（1066mm），次大为珠江流域片（807mm），最小的为内陆河片（32mm），次小为黄河流域片（83.2mm）和海河流域片（90.5mm）。

在全国 32 个省（自治区、直辖市）中，年径流深最大的为台湾（1770mm），其次为广东（996mm）和福建（962mm）。年径流深最小的为宁夏（16.4mm），其次为内蒙古（32.2mm）和新疆（48.1mm）。甘肃年径流深为 62.1mm，排名第 29 位。

（2）地下水资源量。全国地下水平均年资源量为 8288 亿 m^3，其中山丘区地下水平均年资源量为 6762 亿 m^3，占全国地下水资源量的 81.6%，平原区地下水平均年资源量为 1873 亿 m^3，扣除与山丘区地下水资源量间重复计算量 347 亿 m^3 后，只有 1526 亿 m^3，占全国地下水资源量的 18.4%。

三、我国水系

中国河流，按照水系分，主要有珠江、长江、黄河、淮河、辽河、海河和松花江七大水系，中国水系图见彩图 1。

1. 长江水系

我国的第一大河——长江，全长 6300km，在世界河川中，仅次于非洲的尼罗河和南美洲的亚马逊河，居世界第三位。长江从唐古拉山主峰——格拉丹东雪山发源，干流流经青、藏、川、滇、渝、鄂、赣、湘、皖、苏、沪等 11 个省、自治区、直辖市，支流延至甘、陕、黔、豫、浙、桂、闽、粤等 8 省（自治区）。长江水系庞大，浩荡的长江干流加上沿途 700 余条支流，纵贯南北，汇集而成一片流经 180 余万 km^2 的广大地区，占中国总面积的 18.8%。

如图 1-6 所示长江的主要支流有雅砻江、岷江、嘉陵江、乌江、沅江、汉江和赣江等，它们的平均流量都在 1000m³/s 以上（均超过黄河水量），其中，流域面积以嘉陵江为最大，为 16 万 km²；长度以汉江最长，为 1577km；水量以岷江最丰，为 877 亿 m³。长江流域大部分处于亚热带季风气候区，温暖湿润，多年平均降水量 1100mm，多年平均入海水量近 10000 亿 m³，占中国河川径流总量的 36%左右，等于 20 条黄河。

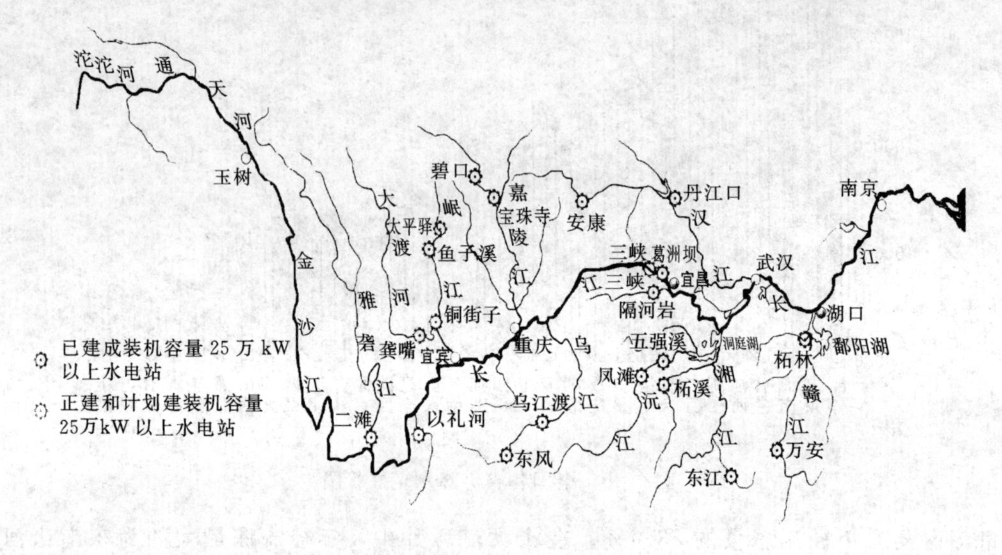

图 1-6 长江水系示意图

长江水系支流流域面积 1 万 km² 以上的支流有 49 条，流域面积 5 万 km² 的支流为嘉陵江、汉江、岷江、雅砻江、湘江、沅江、乌江和赣江，如图 1-9 所示；年均径流量超过 500 亿 m³ 的有岷江、湘江、嘉陵江、沅江、赣江、雅砻江、汉江和乌江。以下仅列长江各个河段及其一级支流。

通天河段（长江源水系）：楚玛尔河、沱沱河、布曲、当曲。

金沙江河段（金沙江水系）：定波河、水落河、渔泡江、雅砻江、龙川河、普渡河、牛栏江、横江、岷江、永宁河、沱江、赤水河。

嘉陵江河段：乌江、大宁河、清江、漳河。

洞庭湖水系：澧水、沅水、资水、湘江、汨罗江、汉水、涢水、富水。

鄱阳湖水系：修河（又名“修水”）、赣江、抚河、信江、饶河。

巢湖流域水系：青弋江、水阳江、滁河。

长江三角洲水系：黄浦江。

太湖水系：苕溪水系、宜溧河水系。

2. 黄河水系

黄河全长 5464km，为中国第二大河，其流域示意图如彩图 2 所示。黄河发源于青藏高原巴颜喀拉山北麓的约古宗列盆地，流经青海、四川、甘肃、宁夏、内蒙古、山西、陕西、河南、山东等 9 省（自治区），在山东省垦利县注入渤海。黄河流域面积 79.5 万 km²（包括鄂尔多斯内流区 4.2 万 km²），汇集了 40 多条主要支流和 1000 多条溪川，流域面积达 75 万 km²。黄河流域年平均降水 400mm 左右，而黄河平均年径流总量仅 580 亿 m³，占全国河川径流总量的2%，在中国各大江河中居第8位。黄河含沙量极大，年输沙量16亿t，平均含沙量达35kg，是举世闻名的多沙河流。

如图1-7所示，黄河的主要支流有上游段（河源至河口镇）的大夏河、洮河、湟水（包括大通河），其中洮河是黄河上游的最大支流，发源于甘肃斜山东麓，在刘家峡附近入黄河；中游段（河口镇至河南郑州的桃花峪）的无定河、汾河、渭河、伊洛河（又称南洛河），其中渭河是黄河的最大支流，发源于甘肃省渭源的鸟鼠山，横贯八百里秦川的关中平原，在潼关汇入黄河；下游段（郑州以下至河口）处于华北平原上，是地上“悬河”，黄河两岸几乎所有河流都无法注入黄河，只有发源地为山东泰山的汶河，居高临下，借助于京杭大运河，才使其一部分水量注入黄河。黄河流域幅员辽阔，地形复杂，各地气候差异较大，从南到北属湿润、半湿润、半干旱和干旱气候。

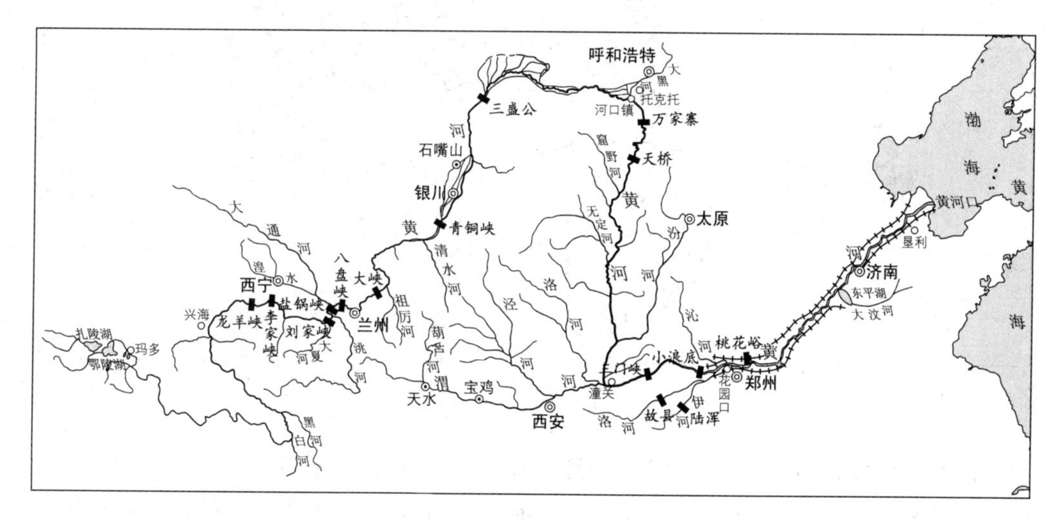

图1-7　黄河水系示意图

黄河主要支流有白河、黑河、湟水、祖厉河、清水河、大黑河、窟野河、无定河、汾河、渭河、洛河、沁河、大汶河等。黄河上的主要湖泊有扎陵湖、鄂陵湖、乌梁素海、东平湖。

3. 淮河水系

淮河位于长江与黄河两条大河之间，是中国中部的一条重要河流，由淮河水系和沂沭泗两大水系组成，流域面积26万km^2，干支流斜铺密布在河南、安徽、江苏、山东4省。淮河流域示意图如彩图3所示，流域范围西起伏牛山，东临黄海，北屏黄河南堤和沂蒙山脉。淮河发源于河南与湖北交界处的桐柏山太白顶（又称大复峰），自西向东，流经河南、安徽和江苏，干流全长1000km。汶、泗、沂、沭4条河流，原来都是淮河的支流，后因与大运河相通，只有部分水量进入淮河，但广义的淮河域仍包括这4条河流，淮河水系图如图1-8所示。

淮河是中国地理上的一条重要界线，是中国亚热带湿润区和暖温带半湿润区的分界线；中国平均950mm的等雨量线也基本沿淮河干流；在农业上，淮河以北一般以两年三熟耕作制居多，粮食作物以小麦为主，而淮河以南水田比重大，以稻麦两熟制较为普遍。

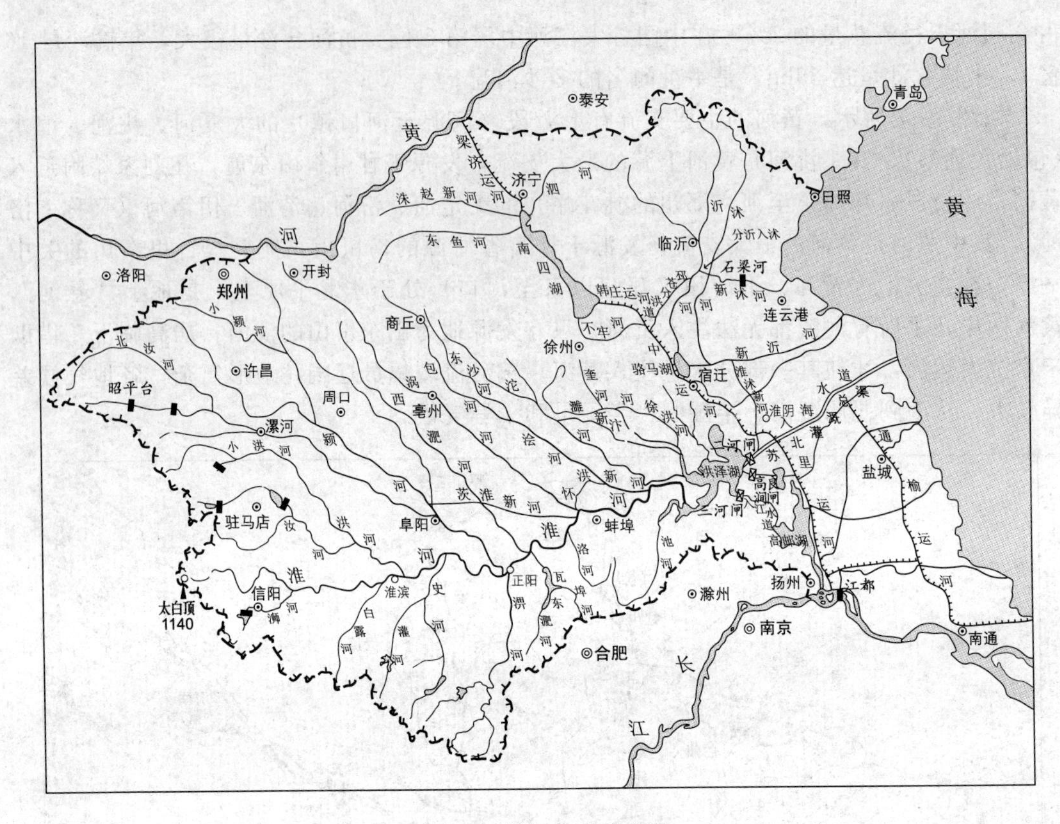

图 1-8　淮河水系示意图

淮河水系以废黄河为界，分淮河及沂沭泗河两大水系，二水系通过京杭大运河、淮沭新河和徐洪河贯通。主干和主要支流如下：淮河、白露河、史灌河、淠河、东淝河、池河、洪汝河、沙颍河、西淝河、涡河、澮潼河、新汴河、奎濉河、沂沭泗水系、沂河、沭河、泗河、东鱼河、洙赵新河、梁济、运河。

4. 珠江水系

珠江是中国第四大河，干流总长 2215.8km，流域面积为 45.26 万 km^2（其中极小部分在越南境内），地跨云南、贵州、广西、广东、湖南、江西以及香港、澳门 8 个省（自治区、特别行政区），其流域示意图如彩图 4 所示。珠江之名，始于宋代，原指流溪河流至广州白鹅潭至虎门一段 70 多 km 的河段。现在所说的珠江，是一个水系的概念，它由西江、北江、东江和三角洲河网组成的珠江水系，如图 1-9 所示，干支流河道呈扇形颁分布，形如密树枝状。西江是珠江水系的主干流，全长 2214km，流域面积 35.3 万 km^2。珠江水系河流众多，集水面积在 1 万 km^2 以上的河流有 8 条，1000km^2 以上的河流有 49 条。

珠江水系主要由西江、北江和东江组成，西江是珠江水系的主流，发源于云南省沾益县马雄山。珠江水系干支流总长 36000km。主干和主要支流如下：东江：寻乌水（江西）、定南水（江西）、北江、浈水（江西）、南盘江（珠江）、红水河（珠江）、黔江（珠江）、浔江（珠江）、西江（珠江）、北盘江（珠江水系）、柳江（珠江水系）、郁江（珠江水系）、桂江（珠江水系）、贺江（珠江水系）。

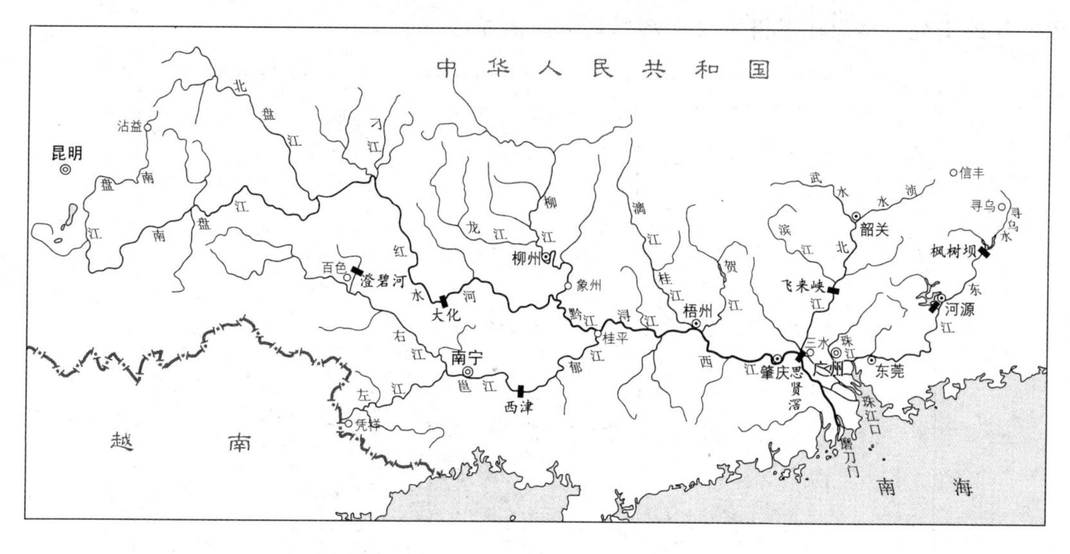

图 1-9　珠江水系示意图

5. 海河水系

海河是中国华北地区最大的水系。海河干流起自天津金刚桥附近的三岔河口，东至大沽口入渤海，其长度仅为73km。但是，它却接纳了上游北运、永定、大清、子牙、南运河五大支流和300多条较大的支流，构成了华北最大的水系——海河水系（图1-10）。这些支流像一把巨扇铺在华北平原上。它与东北部的滦河、南部的徒骇与马颊河水系共同组成了海河流域（彩图5），流域面积31.8万km^2，地跨京、津、冀、晋、豫、鲁、内蒙古等7个省、自治区、直辖市。海河流域包括海河、滦河和徒骇马颊河三水系。

海河水系：蓟运河、潮白河、北运河、永定河、大清河、子牙河、漳卫河。

滦河水系：滦河、冀东沿海诸河。

徒骇马颊河水系。

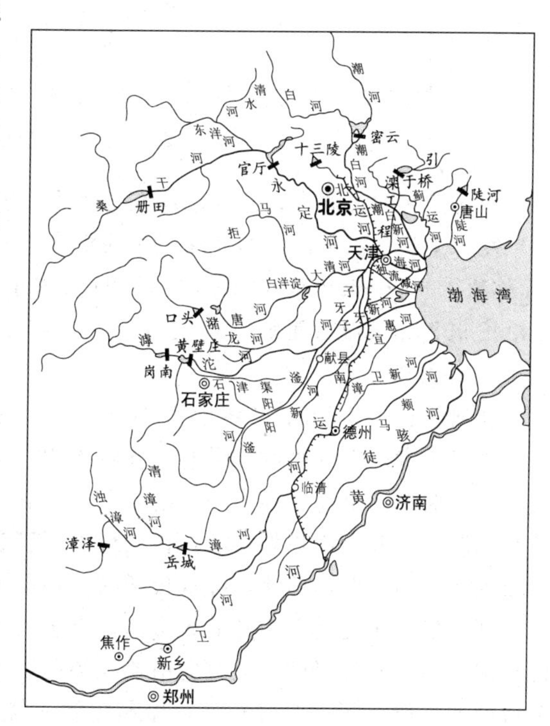

图 1-10　海河水系示意图

6. 松花江水系

松花江全长1927km，流域面积约为54.5km，占东北地区总面积的60%，地跨吉林和黑龙江两省，如图1-11所示。其主要支流有嫩江（全长1089km^2，流域面积28.3万km^2，占松花江流域总面积的一半以上）、呼兰河、牡丹江、汤旺河等。佳木斯以下，为广阔的三江平原，沿岸是一片土地肥沃的草原，多沼泽湿地，为我国著名的“北大荒”。松花江虽然是黑龙江的支流，然而在经济意义上却远远超过黑龙江。

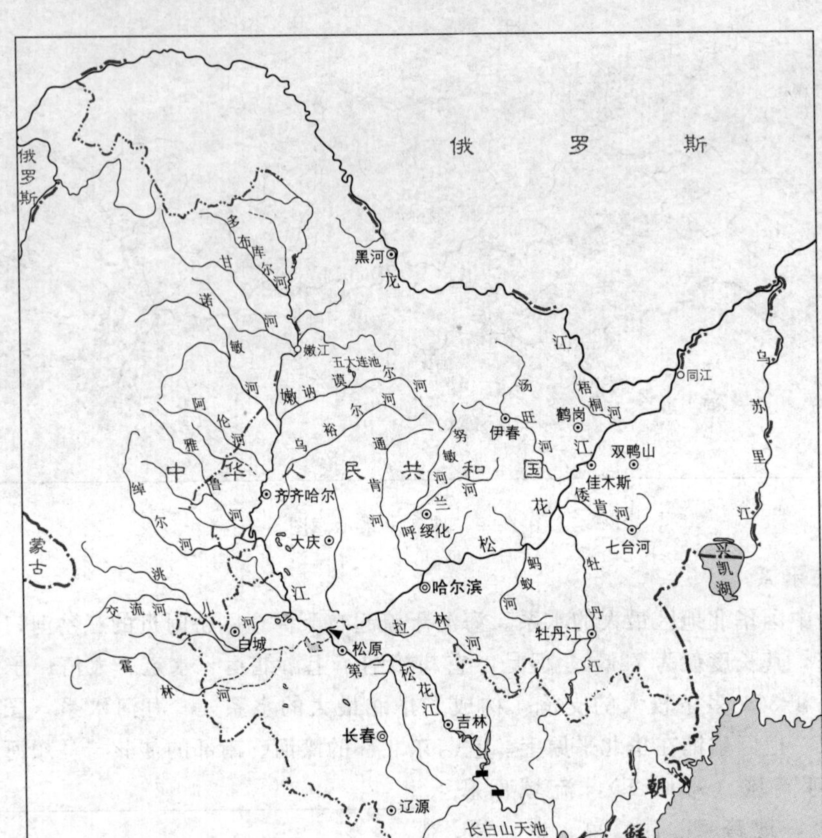

图 1-11　松花江水系示意图

松花江有两个源头，西源嫩江发源于大兴安岭伊勒呼里山，南源第二松花江（简称二松）发源于长白山天池，两江在三岔河汇合后称松花江，东流至同江注入黑龙江。松花江（简称松干）长 939km，流域面积 18.64 万 km^2。嫩江长 1370km，流域面积 29.7 万 km^2。二松长 958km，流域面积 7.34 万 km^2。

7. 辽河水系

辽河全长 1430km，流域面积 22.94km^2，地跨内蒙古和辽宁两省（自治区）。东、西辽河在辽宁省昌图县福德店附近汇合后始称辽河。如图 1-12 所示，辽河干流河谷开阔，河道迂回曲折，沿途分别接纳了招苏台河、清河、秀水河，经新民至辽中县的六间房附近分为两股，一股向南称外辽河，在接纳了辽河最大的支流——浑河后又称大辽河，最后在营口入海；另一股向西流，称双台子河，在盘山湾入海。

辽河发源于七老图山脉的光头山，上游为老哈河，北流至海流图纳入西拉木伦河后称西辽河；折向东流经郑家屯改向南流至福德店纳入东辽河后称辽河，辽河向南流至六间房分成两股；股西行称双台子河，在盘山纳入绕阳河后注入渤海，另一股南行原称外辽河（于 1958 年人工堵截），在三岔河纳入浑河及太子河称大辽河，经营口注入渤海。辽河全长 1345km，流域面积 21.96 万 km^2。

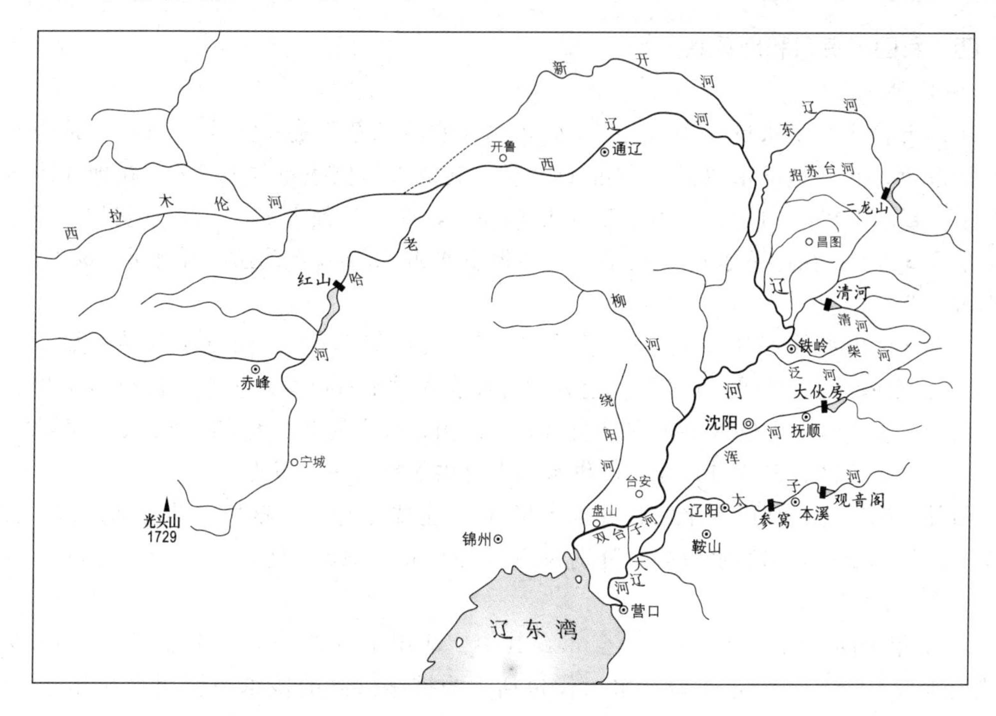

图 1－12　辽河水系示意图

8. 其他水系

塔里木河全长 2137km，流经新疆境内，为我国最大的内流河。塔里木河的上游由阿克苏河、叶尔羌河及和田河 3 条支流组成（喀什噶尔河在历史上也是塔里木河上游的支流之一，后因水量减少，变为尾闾消失于沙漠的独立河流）。上述 3 条支流在阿瓦县境内汇合后始称塔里木河。干流沿塔里木盆地北部边缘自西向东流，最后在塔克拉玛干沙漠东端折向东南，穿过大沙漠注入台特马湖。干流长约 1100km，若以叶尔羌河为源，则河流全长 2137km。塔里木河干流处于非常干旱的塔里木盆地中属于径流散失区，河水主要靠上游的阿克苏河补给（占干流总流量的 80％以上）。

钱塘江又名浙江或之江，因流向曲折而得名。它发源于安徽休宁县怀玉山，至海盐县澉浦附近注入东海杭州湾，全长 605km，流域面积 4.88 万 km^2，其中浙江境内流域面积 4.2 万 km^2。新安江又名徽江，是钱塘江最大的支流，源于安徽黄山南麓，东流入浙江，在梅城与钱塘江干流会合，全长 293km。

闽江是东南沿海最大的河流，发源于闽赣边界的武夷山脉，向东南流入东海。干流全长 577km，流域面积近 6.1 万 km^2，占福建全省总面积的一半以上。闽江支流众多，水量丰富，多年平均径流量为 $1980m^2/s$，占全国各大江河的第 7 位（流域面积比闽江大 11 倍多的黄河，水量只及闽江的 92％）。

韩江发源于福建长汀县北部的武夷山东南麓，自北向南流入广东省境内，至三河坝与南源梅江相汇后始称韩江，又流向东南注入南海。韩江全长 325km，流域面积 $3.43km^2$，其中 70％在广东境内，30％在广东境外。韩江水量丰沛，虽然流域面积仅为淮河的 18％，但水量却相当于淮河的85%。

四、我国水资源利用现状

（一）供水量

2012年全国总供水量6131.2亿m^3，占当年水资源总量的20.8%。其中，地表水源供水量占80.8%；地下水源供水量占18.5%；其他水源供水量占0.7%。在地表水源供水量中，蓄水工程占31.4%，引水工程占33.8%，提水工程占31.0%，水资源一级区间调水量占3.8%。在地下水供水量中，浅层地下水占82.8%，深层承压水占16.9%，微咸水占0.3%。

北方6区供水量2818.7亿m^3，占全国总供水量的46.0%；南方4区供水量3312.5亿m^3，占全国总供水量的54.0%。南方省份地表水供水量占其总供水量比重均在88%以上，而北方省份地下水供水量则占有相当大的比例，其中河北、北京、河南、山西和内蒙古5个省（自治区、直辖市）地下水供水量占总供水量的一半以上。

另外，全国直接利用海水共计663.1亿m^3，主要作为火（核）电的冷却用水。其中广东、浙江和山东利用海水较多，分别为269.0亿m^3、212.1亿m^3和61.5亿m^3。

（二）用水量

2012年全国总用水量6131.2亿m^3，其中生活用水占12.1%，工业用水占22.5%，农业用水占63.6%，生态环境补水（仅包括人为措施供给的城镇环境用水和部分河湖、湿地补水）占1.8%。

在各省级行政区中用水量大于400亿m^3的有新疆、江苏和广东3个省（自治区），用水量少于50亿m^3的有天津、青海、西藏、北京和海南5个省（自治区、直辖市）。农业用水占总用水量75%以上的有新疆、西藏、宁夏、黑龙江、青海、甘肃和海南7个省（自治区），工业用水占总用水量35%以上的有上海、重庆、福建和江苏4个省（直辖市），生活用水占总用水量20%以上的有北京、天津、上海、重庆、广东和浙江6个省（直辖市）。

（三）用水消耗量

2012年，全国用水消耗总量3244.5亿m^3，耗水率（消耗总量占用水总量的百分比）53%。各类用户耗水率差别较大，农田灌溉为63%；林牧渔业及牲畜为75%；工业为24%；城镇生活为30%；农村生活为84%；生态环境补水为80%。

（四）废污水排放量

废污水排放量是指工业、第三产业和城镇居民生活等用水户排放的水量，但不包括火电直流冷却水排放量和矿坑排水量。2012年全国废污水排放总量785亿t。

（五）用水指标

2012年，全国人均综合用水量454m^3，万元国内生产总值（当年价）用水量118m^3。农田实际灌溉亩均用水量404m^3，农田灌溉水有效利用系数0.516，万元工业增加值（当年价）用水量69m^3城镇人均生活用水量（含公共用水）216L/d，农村居民人均生活用水量79L/d。

各省级行政区的用水指标值差别很大。从人均用水量看，大于600m^3的有新疆、宁夏、西藏、黑龙江、内蒙古、江苏、广西等7个省（自治区），其中新疆、宁夏、西藏分别为$2657m^3$、$1078m^3$、$976m^3$；小于$300m^3$的有天津、北京、山西和山东等9个省（直辖市），其中天津最低，仅为$167m^3$。从万元国内生产总值用水量看，新疆最高，为$786m^3$；小于$100m^3$的有北京、天津、山东和浙江等12个省（直辖市），其中天津、北京分别为$18m^3$和$20m^3$。

五、我国水资源污染现状

（一）中国的水质标准和水质状况

中国制定的《地面水环境质量标准》（GB 3838—88）把水分为五类。水质按Ⅰ类、Ⅱ类、Ⅲ类、Ⅳ类、Ⅴ类而逐步下降。当水质下降到Ⅲ类标准以下，即：Ⅳ类和Ⅴ类，由于所含的有害物质高出国家规定的指标，会影响人体健康，因此不能作为饮用水源。

（二）中国淡水环境现状

根据2013年中国环境公报，2013年全国地表水总体为轻度污染，部分城市河段污染较重。

1. 河流

长江、黄河、珠江、松花江、淮河、海河、辽河、浙闽片河流、西北诸河和西南诸河等十大流域的国控断面中，Ⅰ～Ⅲ类，Ⅳ、Ⅴ类和劣Ⅴ类水质断面比例分别为71.7%、19.3%和9.0%，如图1-13所示。与上年相比，水质无明显变化。主要污染指标为化学需氧量、高锰酸盐指数和五日生化需氧量。

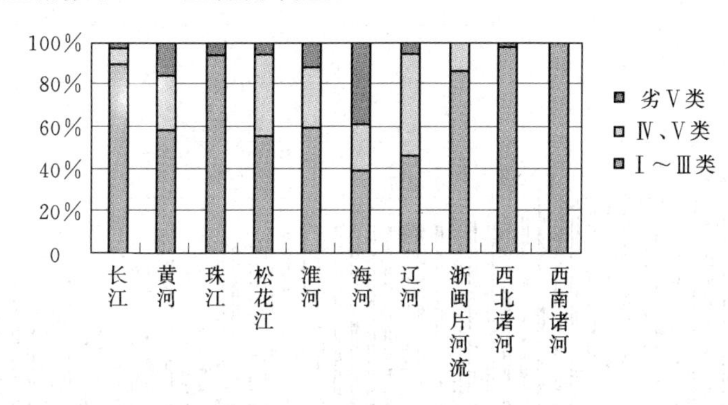

图1-13 2013年十大流域水质状况图

河流总体情况：长江流域水质良好，黄河流域轻度污染，珠江流域水质为优，松花江流域轻度污染，淮河流域轻度污染，海河流域中度污染，辽河流域轻度污染，浙闽片河流水质良好，西北诸河水质为优，西南诸河水质为优。

2. 湖泊（水库）

2013年，水质为优良、轻度污染、中度污染和重度污染的国控重点湖泊（水库）比例分别为60.7%、26.2%、1.6%和11.5%。与上年相比，各级别水质的湖泊（水库）比例无明显变化。主要污染指标为总磷、化学需氧量和高锰酸盐指数。2013年重点湖泊（水库）水质状况见表1-2。

表 1－2　　2013 年重点湖泊（水库）水质状况　　单位：个

湖泊（水库）类型	优	良好	轻度污染	中度污染	重度污染
三湖①	0	0	2	0	1
重要湖泊	5	9	10	1	6
重要水库	12	11	4	0	0
总计	17	20	16	1	7

①　指太湖、滇池和巢湖。富营养、中营养和贫营养的湖泊（水库）比例分别为 27.8%、57.4%和 14.8%。

如图 1－14 所示，湖泊（水库）总体情况：太湖轻度污染，巢湖轻度污染，滇池重度污染，水质为优。重要湖泊：2013 年，31 个大型淡水湖泊中，淀山湖、达赉湖、白洋淀、贝尔湖、乌伦古湖和程海为重度污染，洪泽湖为中度污染，阳澄湖、小兴凯湖、兴凯湖、菜子湖、鄱阳湖、洞庭湖、龙感湖、阳宗海、镜泊湖和博斯腾湖为轻度污染，其他 14 个湖泊水质优良。与上年相比，高邮湖、南四湖、升金湖和武昌湖水质有所好转，鄱阳湖和镜泊湖水质有所下降。淀山湖、洪泽湖、达赉湖、白洋淀、阳澄湖、小兴凯湖、贝尔湖、兴凯湖、南漪湖、高邮湖和瓦埠湖均为轻度富营养，其他湖泊均为中营养或贫营养。重要水库：27 个重要水库中，尼尔基水库为轻度污染，主要污染指标为总磷和高锰酸盐指数；莲花水库、大伙房水库和松花湖均为轻度污染，主要污染指标均为总磷；其他 23 个水库水质均为优良。崂山水库、尼尔基水库和松花湖为轻度富营养，其他水库均为中营养或贫营养。

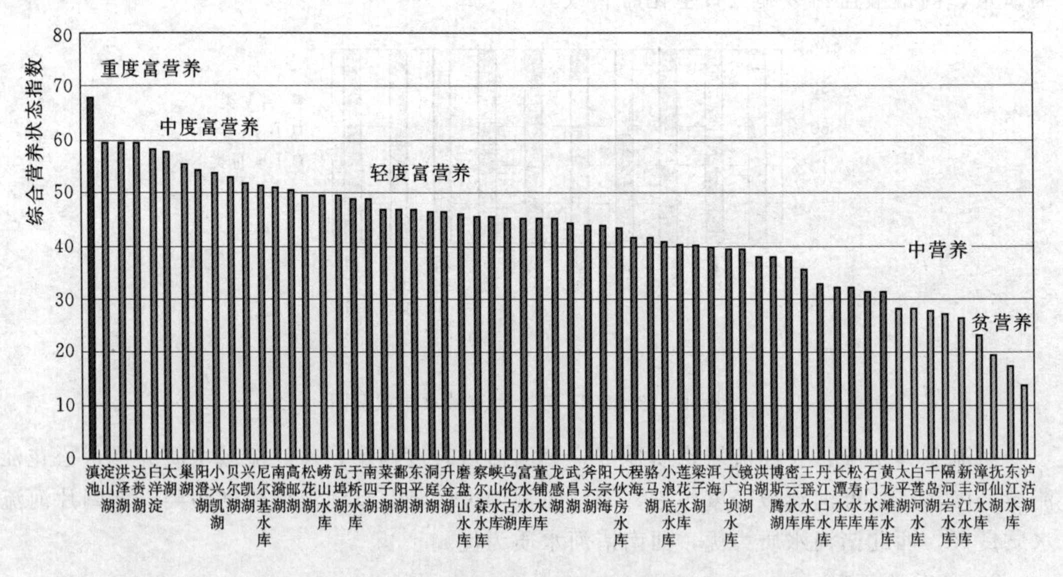

图 1－14　2013 年重点湖泊（水库）综合营养状态指数

3. 全国地级及以上城市集中式饮用水源地

2013 年，全国有 309 个地级及以上城市的 835 个集中式饮用水源地统计取水情况，全年取水总量为 306.7 亿 t，涉及服务人口 3.06 亿人。其中，达标取水量为 298.4 亿 t，达标率为 97.3%。地表水水源地主要超标指标为总磷、锰和氨氮，地下水水源地主要超标指标为铁、锰、氨和氮。

4. 地下水

2013年，地下水环境质量的监测点总数为4778个，其中国家级监测点800个。水质优良的监测点比例为10.4%，良好的监测点比例为26.9%，较好的监测点比例为3.1%，较差的监测点比例为43.9%，极差的监测点比例为15.7%，如图1-15所示。主要超标指标为总硬度、铁、锰、溶解性总固体、“三氮”（亚硝酸盐、硝酸盐和氨氮）、硫酸盐、氟化物、氯化物等。

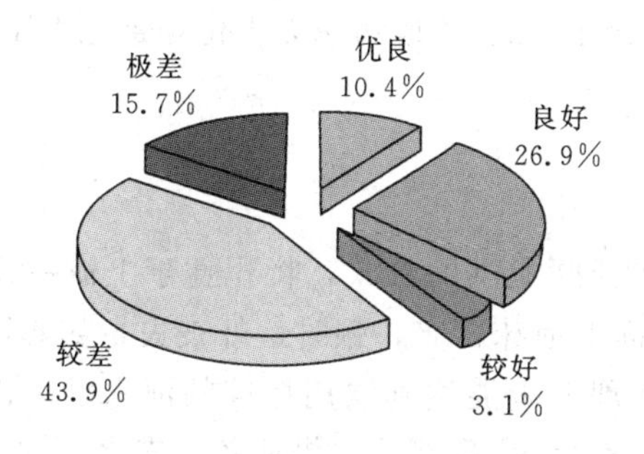

图1-15　2013年地下水监测点水质状况

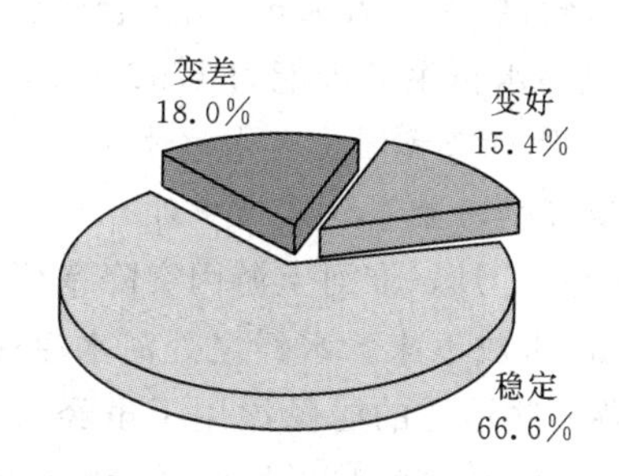

图1-16　2013年地下水水质年际变化

与上年相比，有连续监测数据的地下水水质监测点总数为4196个，分布在185个城市，水质综合变化以稳定为主。其中，水质变好的监测点比例为15.4%，稳定的监测点比例为66.6%，变差的监测点比例为18.0%，如图1-16所示。

5. 重点水利工程

三峡库区长江干流水质良好，3个国控断面均为Ⅲ类水质。一级支流总氮和总磷超标断面比例分别为90.7%和77.9%。支流水体综合营养状态指数范围为28.8～73.0，富营养的断面占监测断面总数的26.6%。南水北调（东线）长江取水口夹江三江营断面为Ⅲ类水质。输水干线京杭运河里运河段、宝应运河段、宿迁运河段、鲁南运河段、韩庄运河段和梁济运河段水质均为良好。洪泽湖湖体为中度污染，主要污染指标为总磷，营养状态为轻度富营养。骆马湖、南四湖和东平湖湖体水质良好，营养状态为中营养。汇入骆马湖的沂河水质良好。汇入南四湖的11条河流中，洙赵新河为轻度污染，主要污染指标为化学需氧量和石油类，其他河流水质良好。汇入东平湖的大汶河水质良好。南水北调（中线）取水口陶岔断面为Ⅱ类水质。丹江口水库水质为优，营养状态为中营养。入丹江口水库的9条支流水质均为优良。

6. 内陆渔业水域

2013年，江河重要渔业水域主要污染指标为总氮、总磷、非离子氨、高锰酸盐指数和铜。黄河、长江、黑龙江流域和珠江部分渔业水域总氮和总磷超标较重；黄河和黑龙江流域部分渔业水域非离子氨超标较重；黑龙江流域和黄河个别渔业水域高锰酸盐指数超标较重；黄河渔业水域铜超标较重，长江流域部分水域铜略微超标。与上年相比，总磷、非离子氨、高锰酸盐指数、石油类和铜超标范围有所增加，总氮和挥发性酚超标范围有不同程度减小。

湖泊（水库）重要渔业水域主要污染指标为总氮、总磷、高锰酸盐指数、石油类和铜，其中总磷、总氮和高锰酸盐指数超标较重。与上年相比，石油类、铜和高锰酸盐指数超标范围有所减小，总氮、总磷和挥发性酚超标范围有不同程度增加。

国家级水产种质资源保护区（淡水）主要污染指标为总氮，部分区域为总磷、高锰酸盐指数和铜。

7. 城市排水和污水处理

截至2013年年底，全国城市污水处理率为89.21%。设市城市除西藏日喀则和海南三沙外，均建成投运了污水处理厂，污水处理能力1.24亿m^3/d。建成雨水管网17.0万km、污水管网19.1万km、雨污合流管网10.3万km。建成污泥无害化处置能力1042万t/d。建成污水再生处理能力1752万m^3/d。

（三）近年来我国重大水污染事件

1. 淮河水污染事件震惊中外

1994年7月，淮河上游因突降暴雨而采取开闸泄洪的方式，将积蓄于上游一个冬春的2亿m^3水放下来。水经之处河水泛浊，河面上泡沫密布，顿时鱼虾丧失，如彩图6所示。下游一些地方的居民饮用了虽经自来水处理但未能达到饮用标准的河水后，出现恶心、腹泻、呕吐等症状。经取样检验证实，上游来水水质恶化，沿河各自来水厂被迫停止供水达54天之久，百万淮河民众饮水告急。

2. 2004沱江“3·2”特大水污染事故

四川省的名字来源于它境内的四条河流。它们丰沛的水源，造就了四川这个天府之国。可是2004年2月到3月，这四条河流之一的沱江，却给天府之国带来了一场前所未有的生态灾难。当时，因为大量高浓度工业废水流进沱江，四川五个市区近百万老百姓顿时陷入了无水可用的困境，直接经济损失高达2.19亿元。

这起事件，被国家环保总局列为近年来全国范围内最大的一起水污染事故。

造成此次特大水污染事故的原因，是川化股份公司在对其日产1000t合成氨及氨加工装置进行增产技术改造时，违规在未报经省环保局试生产批复的情况下，擅自于2004年2月11日至3月3日对该技改工程投料试生产。在试生产过程中，发生故障致使含大量氨氮的工艺冷凝液外排出厂流入沱江，污染的沱江水如彩图7所示。

3. 2005松花江重大水污染事件

2005年11月13日，中石油吉林石化公司双苯厂苯胺车间发生爆炸事故。事故产生的约100t苯、苯胺和硝基苯等有机污染物流入松花江，因而导致松花江发生重大水污染事件，污染的松花江如彩图8所示。哈尔滨市政府随即决定，于11月23日零时起关闭松花江哈尔滨段取水口停止向市区供水，哈尔滨全城停水四天，哈尔滨市的各大超市无一例外地出现了抢购饮用水的场面。

4. 2007太湖水污染事件

2007年5月29日开始，江苏省无锡市城区的大批市民家中自来水水质突然发生变化，并伴有难闻的气味，如彩图9所示，太湖爆发蓝澡，无法正常饮用。无锡市民饮用水水源来自太湖。

造成这次水质突然变化的原因是：入夏以来，无锡市区域内的太湖水位出现50年以来最低值，再加上天气连续高温少雨，太湖水富营养化较重，从而引发了太湖蓝藻的提前爆发，影响了自来水水源水质。无锡市民纷纷抢购超市内的纯净水，街头零售的桶装纯净水也出现了较大的价格波动。

5.2009 江苏盐城水污染事件

2009 年 2 月 20 日上午，江苏省盐城市由于城西水厂原水受酚类化合物污染，如彩图 10 所示，致市区大面积断水。因水源污染导致市区 20 多万居民饮用水停止达 66 小时 40 分钟，造成了巨大损失。

6. 广西龙江镉污染事件

2012 年 1 月 15 日，龙江河的宜州市怀远镇河段水质出现异常，河池市环保局在调查中发现龙江河拉浪电站坝首前 200m 处，镉含量超《地表水环境质量标准》Ⅲ类标准约 80 倍，受污染的龙江河如彩图 11 所示。据参与事故处置的专家估算，此次镉污染事件镉泄漏量约 20t。专家称，由于泄露量之大在国内历次重金属环境污染事件中都是罕见的，此次污染事件波及河段将达到约 300km。因担心饮用水源遭到污染，处于下游的柳州市市民出现恐慌性屯水购水，超市内瓶装水被市民抢购。本次污染事故已锁定两个违法排污嫌疑对象，分别是广西金河矿业股份有限公司和金城江鸿泉立德粉厂。

7. 江苏镇江水污染事件

2012 年 2 月 3 日中午开始，镇江市自来水出现异味，在其后的两天里，镇江发生了抢购饮用水的风波。镇江自来水公司给出的解释是由于“加大了自来水中氯气的投放量”。受苯酚污染的镇江如彩图 12 所示。2 月 7 日下午，镇江市政府应急办发布通告承认：水源水受苯酚污染是此次异味的主要原因。官方表示涉嫌造成此次污染事件的是一艘曾停靠镇江的韩国籍船舶，排口管道阀无法关严，有重大污染源泄漏嫌疑。

8. 湖北武汉水污染事件

2012 年 2 月 29 日晚，武汉理工大学华夏学院有学生反映自来水“有怪味”。据反映的怪味是自来水中有一股淤泥味，喝到嘴里感觉是苦的，同时当天武汉有关供水部门客户服务电话也接到了类似的咨询电话。这起事件被称为“湖北武汉水污染事件”。3 月 1 日，武汉市环保局的报告显示，因地处白沙洲水厂上游约 3km 的陈家山闸大量排放污水，影响取水质量，水厂加大投氯量，自来水出现异味。据了解，白沙洲水厂为武汉地区 100 多万人提供饮用水，该起自来水“变味”事件发生后，很多市民到超市“抢”水，并引起当地净水器的热销高潮。

9. 2013 年山西浊漳河污染事件

2013 年 1 月 7 日，在山西省潞城市与平顺县交界的黄牛蹄乡辛安村，苯胺泄漏事故的排污渠在此汇入浊漳河。在发生泄漏事故的排污渠内，经过大量石灰粉掩埋后，渠道内污水结冰形成白色冰块，局部地段仍能隐约看到残留的铁锈红色污染物，如彩图 13 所示。受此事件的影响，红旗渠等部分水体有苯胺、挥发酚等因子检出和超标，安阳市住建等部门采取了切断水源，暂停沿途人畜饮水等措施加以应对。

10. 兰州自来水污染事件

2014 年 4 月 11 日，兰州市发生局部自来水苯指标超标事故，出厂水苯含量高达 118μg/L，远超出国家限值的 10μg/L，兰州市主城区各大超市市民争相抢购矿泉水，如图 1－17 所示。4 月 11 日 11 时，兰州市停运北线自流沟，排空受到污染的自来水。南线输水管道正常供水。在此期间，市区降压供水，高坪及边缘地区停水，限制生产性用水。兰州官方特别提示，未来24小时，自来水不宜饮用，其他生活用水不受影响。通过污染源调查，确定苯超标系中国石油天然气公司兰州石化分公司的管道泄漏污染水厂自流沟所致。14日，停水区域解除应急措施，全市自来水恢复正常供水。

图1-17 兰州居民抢购矿泉水

六、甘肃水资源概况

甘肃地处祖国内陆腹地，东南远离海洋，西北紧靠世界屋脊，特殊的地理位置，使得甘肃省气候干燥，雨量稀少，水资源匮乏，是全国最干旱的省份之一。水资源紧缺已成为甘肃省经济社会可持续发展的重要制约因素。

（一）甘肃的水系

甘肃省横跨内陆河、黄河和长江三大流域，分属11个水系。内陆河流域有：疏勒河、黑河、石羊河等3个水系；黄河流域有：黄河干流、洮河、湟水、泾河、渭河、洛河等6个水系；长江流域有：嘉陵江、汉江水系。年径流量大于1亿m^3的河流有78条。

（二）水资源的数量及质量

1. 降水量及其分布

甘肃省多年平均降水总量为1258亿m^3，降水量约为277mm，是全国平均降水量的43%。其中内陆河流域多年平均降水量约为130mm，降水总量为352亿m^3，是全国内陆河流域多年平均降水量的85%，黄河流域多年平均降水量为463mm，降水总量为675亿m^3，与全国黄河流域多年平均降水量463mm比较，基本持平，长江流域多年平均降水量约为599mm，降水总量为231亿m^3，是全国长江流域多年平均降水量的56%，见表1-3。

降雨量在甘肃省行政分区的分布也极不均衡。陇南市降水量最为丰沛，年降水量约为615mm，嘉峪关市降水量最小，年降水量约为84mm。陇南、甘南、天水、平凉、临夏、定西、庆阳、兰州等8个市（州）降水量高于全省平均水平，白银、张掖、武威、金昌、酒泉、嘉峪关等6个市的降水量低于全省平均水平，具体降水量见表1-4，降水量柱状图如图1-18所示。

表 1-3　　甘肃省流域分区降水量表

分区	甘肃省降水量/mm	全国降水量/mm	占全国降水量的百分数/%
内陆河	130.4	153.9	85
黄河	463.0	464.4	99.7
长江	599.4	1070.5	56
甘肃省	276.9	648.4	43

表 1-4　　甘肃省行政分区降水量表

行政区	多年平均降水总量/亿 m^3	多年平均降水量/mm	行政区	多年平均降水总量/亿 m^3	多年平均降水量/mm
酒泉市	177.9	93.1	临夏州	42.4	518.7
嘉峪关市	1.1	84.2	定西市	94.8	483.1
张掖市	103.4	252.7	天水市	78.4	547.8
金昌市	13.3	176.1	平凉市	59.2	531.8
武威市	71.7	215.6	庆阳市	127.5	470.2
兰州市	43.7	322.1	甘南藏族自治州	218.6	568.1
白银市	54.9	274.2	陇南市	171.5	614.5

2. 地表水资源数量

甘肃省自产水资源量约为 282 亿 m^3，径流深约为 62mm，居全国 32 个省（自治区、直辖市）的第 29 位。自产水资源量占全国地表水资源量的 1%，人均 $1077m^3$，仅为全国人均占有量的 1/2，居全国的第 20 位，接近国际人均 $500\sim1000m^3$ 重度缺水界限；亩均占有量为 $404m^3$，是全国亩均占有量的近 1/4，居全国的第 22 位。

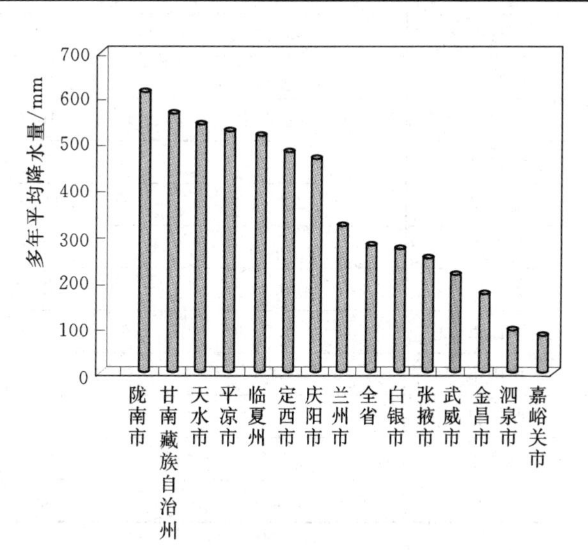

图 1-18　甘肃省行政分区降水量柱状图

按流域分区：甘肃省内陆河流域自产水资源量为 56.6 亿 m^3，占全国内陆河流域自产水资源量的 5%；黄河流域自产水资源量为 125.1 亿 m^3，占全国黄河流域自产水资源量的 19%；长江流域自产水资源量为 100.4 亿 m^3，占长江流域自产水资源量的 1%，见表 1-5。

表1-5　　甘肃省地表水资源量

分区	甘肃省水资源				全国水资源	
	入境/亿 m^3	自产/亿 m^3	出境/亿 m^3	径流深 /mm	自产水资源量 /亿 m^3	径流深 /mm
内陆河	14.1	56.6	10.0	21.0	1064	32.0
黄河	239.6	125.1	341.1	85.7	661	83.2
长江	33.6	100.4	131.2	260.9	9513	526.0
全省（国）	287.3	282.1	482.3	62.1	28000	284.1

按行政分区：甘肃省行政分区自产水资源量分布也极不均匀，主要产水区在陇南、甘南、临夏等地，占全省自产水资源量的62%，自产水资源量最少的三个地区分别为白银、金昌和嘉峪关，只占甘肃省自产水资源量的0.7%。人均水资源量甘南最高，人均占有13747m^3，金昌、白银、兰州、嘉峪关人均不足100m^3。亩均水资源量甘南6434m^3，为全省最高，兰州、金昌、白银、嘉峪关最低，亩均水资源量只有16～54m^3，甘肃省各市州自产水资源及人均、亩均水资源量见表1-6，人均水资源柱状图如图1-19所示。

表1-6　　甘肃省各市州自产水资源及人均、亩均水资源量

行政区	多年平均自产水资源量 /亿 m^3	多年平均径流深 /mm	人均水资源量 /（m^3/人）	亩均水资源量 /（m^3/亩）
酒泉市	20.64	10.8	2124	721
嘉峪关市	0.01	0.8	6	16
张掖市	28.72	70.2	2247	759
金昌市	0.44	5.8	95	33
武威市	11.35	34.1	588	236
兰州市	2.23	16.4	73	54
白银市	1.40	7.0	80	24
临夏州	12.64	154.7	653	363
定西市	13.73	70.0	462	135
天水市	15.17	106.0	436	189
平凉市	6.74	60.5	302	117
庆阳市	7.78	28.7	303	78
甘南藏族自治州	92.71	241.0	13747	6434
陇南市	68.58	245.8	2531	827
全省	282.14	62.1	1077	404

3. 地下水资源

甘肃省山丘区降水入渗补给量107.1亿m^3，所形成的河川基流量101.9亿m^3；平原区降水入渗补给量2.8亿m^3，所形成的河道排泄量0.7亿m^3，不重复地下水资源量为7.3亿m^3，占水资源总量的2.5%。

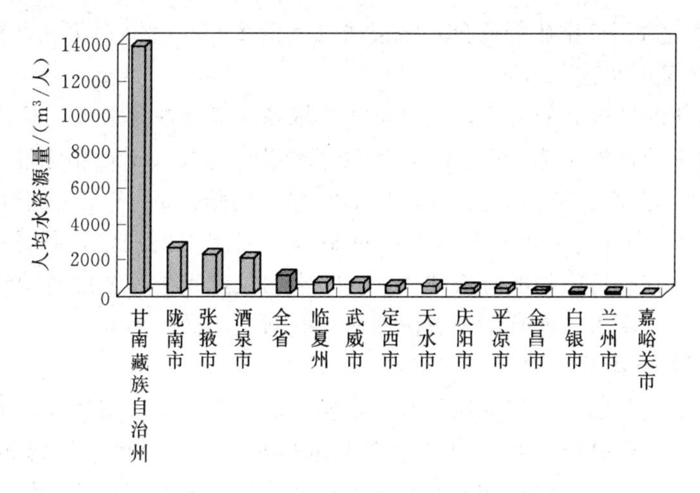

图 1-19　甘肃省各市州人均水资源柱状图

河西内陆河山丘区降水入渗补给量 18.6 亿 m^3，所形成的河川基流量 15.7 亿 m^3；平原区降水入渗补给量 2.2 亿 m^3，所形成的河道排泄量 0.4 亿 m^3，不重复地下水资源量为 4.7 亿 m^3，占本流域水资源总量的 7.6%。

黄河流域山丘区降水入渗补给量 47.1 亿 m^3，所形成的河川基流量 44.7 亿 m^3；平原区降水入渗补给量 0.5 亿 m^3，所形成的河道排泄量 0.3 亿 m^3，不重复地下水资源量为 2.6 亿 m^3 占本流域水资源总量 2.1%。

长江流域山丘区降水入渗补给量 41.4 亿 m^3，没有不重复地下水资源量。

4. 水资源总量

甘肃省多年平均总水资源量约为 289 亿 m^3，其中地表水约 282 亿 m^3，地下水约 7 亿 m^3。内陆河流域总水资源量为 61.3 亿 m^3，占全省的 21%，其中地表水 56.6 亿 m^3，地下水 4.7 亿 m^3；黄河流域总水资源量为 127.7 亿 m^3，占全省的 44%，其中地表水 125.1 亿 m^3，地下水 2.6 亿 m^3；长江流域总水资源量为 100.4 亿 m^3，全部为地表水，占全省的 35%，见表 1-7。

表 1-7　　　　甘肃省水资源总量表

流域	地表水/亿 m^3	地下水/亿 m^3	总水资源量/亿 m^3	占全省水资源量百分数/%
内陆河	56.6	4.7	61.3	21
黄河	125.1	2.6	127.7	44
长江	100.4	0	100.4	35
全省	282.1	7.3	289.4	100

5. 水资源质量

甘肃省主要河流的水质状况总体上基本良好，个别河段水质污染状况呈继续加重的趋势，某些单项指标严重超标。污染源主要是城镇生活及工业废污水排泄，其次是农用化肥及农药的残留物等。黄河干流主要污染物是石油类和重金属等其他有害物质。2012 年甘肃省废污水排放总量为 8.7148 亿 t，其中内陆河流 1.7323 亿 t，黄河流域 6.7194 亿 t，长江流域0.2631亿t。按排放行业分，城镇居民生活2.9550亿t；第二产业5.2660亿t；第三产业0.4937亿t。

甘肃省多为含沙量较高的河流，尤以黄河流域各河流含沙量最大，长江流域次之，内陆河最小。全省平均含沙量为19kg/m^3，侵蚀模数为1200t/km^2，年输沙量5.5亿t。其中黄河流域含沙量为39kg/m^3，是长江流域的9倍、内陆河的17倍，侵蚀模数为3370t/km^2，年输沙量4.9亿t，占全省年输沙量的89%。河水中的泥沙，既是一种污染物质，又是吸附重金属、有机污染物的有效载体，对于水污染严重的浑浊度高的河水，不仅不能直接作为工业和生活用水，就是用于农田灌溉也会对土壤产生污染。

6. 水资源分布的特点

甘肃省属大陆性很强的温带季风气候，水资源具有降水少、蒸发大，地区分布极不均匀，年际变化大，年内分配不均，自产水资源量相对较少，过境水资源相对较丰沛等特点，加上水资源的分布与经济社会的发展、人口及耕地的分布不匹配，使得水资源供需水矛盾十分突出。

内陆河流域地多水少，资源型缺水制约着流域经济社会的进一步发展。多年平均降水量130mm，自产地表水资源量57亿m^3，仅占全省多年平均自产地表水资源量的20%，而土地面积却占全省土地面积的60%以上，耕地面积为全省的18%，人口占全省的18%，粮食总产占全省的1/3，提供的商品粮食占全省的71%。由于水土资源及人口匹配不尽合理，荒漠面积大，约占全流域面积的25%。

黄河流域属黄土丘陵沟壑区，水低地高，水土流失严重，旱灾、洪灾频繁。多年平均降水量463mm，自产地表水资源量125亿m^3，只占全省多年平均值的44%，人口却占全省的70%，耕地为全省的69%，工业产值占全省的69%。

长江流域水多地少，水土流失和泥石流灾害频繁，水资源开发利用难度大。多年平均降水量599mm，自产地表水资源量100亿m^3，占全省多年值的36%，但这一地区的人口和耕地只占全省总人口及耕地的12%和13%，工业产值也只有全省的3%。

甘肃省多年平均入境水资源量287亿m^3，其中内陆河流域14亿m^3，黄河流域240亿m^3，长江流域33亿m^3；全省多年平均出境水资源量482亿m^3，其中内陆河流域正义峡下泄水量10亿m^3，黄河341亿m^3，长江131亿m^3。

（三）水资源开发利用现状

经过长期艰苦的努力，甘肃省已初步形成了以供水、灌溉、防洪、发电、生态保护为主的水利工程体系，在保障饮用水安全、粮食生产、防洪减灾、经济发展、生态建设和环境保护等方面发挥了重要作用。全省已建成水库269座（不包括电力部门管理的水库），总库容24亿m^3，兴利库容16亿m^3，年供水量29亿m^3。其中大型水库4座，中型水库26座，小型水库239座。全省共建成万亩以上灌区182处，其中30万亩以上的大型灌区22处，1万亩以上、30万亩以下的中型灌区160处，建成固定排灌站7479处，机电井45834眼，发展集雨水窖250万眼。通过各类大中小型水利工程建设，全省灌溉面积累计达到2033万亩，节水灌溉面积达到1239万亩，占全省灌溉面积的60%，发展集雨补灌面积509万亩，累计解决了1396万农村人口的饮水困难。同时，建成小水电站534座，总装机容量77万kW，年发电量24亿kW·h。累计兴修梯田2797万亩，累计治理水土流失面积 8 万 km^2。

1. 供水总量

2012 年，甘肃省总供水量 123.0844 亿 m^3，其中内陆河流域 75.3643 亿 m^3，黄河流域 44.5700 亿 m^3，长江流域 3.1501 亿 m^3。按供水工程类型分，蓄水工程 35.5701 亿 m^3，引水工程 40.9711 亿 m^3，提水工程 17.1023 亿 m^3，从黄河流域调入内陆河流域 2.2343 亿 m^3，地下水工程 25.7444 亿 m^3，其他水源供水 1.4622 亿 m^3。

2. 用水量

2012 年，甘肃省总用水量 123.0844 亿 m^3，其中内陆河流域 75.3643 亿 m^3，黄河流域 44.5700 亿 m^3，长江流域 3.1501 亿 m^3。按用水行业分，农田灌溉 89.3582 亿 m^3，林牧渔畜 5.7662 亿 m^3，工业用水 15.6953 亿 m^3，城镇公共用水 1.9945 亿 m^3，居民生活用水 7.2790 亿 m^3，生态环境用水 2.9912 亿 m^3。

3. 综合用水指标

2012 年全省人均用水量 478m^3，其中内陆河流域 1594m^3；黄河流域 247m^3，长江流域 105m^3。农田灌溉亩均用水量 551m^3，万元 GDP 用水量 21m^3，万元工业增加值用水量 74m^3，城镇人均生活用水量 170L/d（包含公共用水），农村居民人均生活用水量 53L/d（包含公共用水）。

学习情境二　我国水利建设的发展与成就

【学习目标】

本章通过各项著名的防洪、灌溉、排水、供水和水力发电的古、现代水利水电工程，了解我国水利建设从工程水利向水利水电，从传统水利向现代可持续发展水利转变，掌握我国水利建设过程中的里程碑式工程。

【学习任务】

了解我国古代著名水利工程的工程概况、历史意义、工程特点；了解我国现代著名水利水电工程的工程概况、布置、主要建筑物、次要建筑物、装机容量、坝体类型、坝长、坝高、水位、设计洪峰流量、调洪能力和库容等。对比古代水利建筑和现代水利水电建筑，掌握我国水利建设的发展和成就。

【任务分析】

水利是农业的命脉。在中国，农业生产的发展与水利有着密切的关系，可以说，有些地区农业的盛衰与水利的兴废直接有关。两者的密切关系具体表现在下列几方面：一是对中国农业经济区的形成和转移有重大影响；其次，水利促进了一些地区耕作栽培制度的发展；第三，水利使一些地区的作物组成发生变化。再就是农田水利排灌事业的发展，促使一些低产地区变成为农业高产区。

中国农业，自古以来在水的条件方面一直很不理想。中国大部分地区气候受季风影响，降雨量年内分配很不均匀，往往不能满足农业的需要，亟须靠人工灌溉来保证。因此，中国自远古就开始重视农田水利的兴修。各种形式的水利工程在全国几乎到处可见，发挥着显著的效益。几千年来，勤劳、勇敢、智慧的中国人民与江河湖海进行了艰苦卓绝的斗争，因地制宜地创造了多种形式的水利工程，有的工程以其规模之大、设计之巧妙和技术之高超，而居于当时世界先进之列。下面介绍几个中国古代著名的水利工程。

19 世纪后，由于帝国主义列强入侵以及连年战争，近代水利处于停滞状态。直到 1930 年前后，中国才有一些水利工程。1949 年中华人民共和国成立后，全国人民进行了大规模的水利建设，水资源事业得到迅速发展，防洪除涝、农田灌溉、城乡供水、水土保持、水产养殖、水力发电、航运等都取得了很大成就。用于控制和调配自然界的地表水和地下水，达到除害兴利目的而修建的工程，也称为水工程。水是人类生产和生活必不可少的宝贵资源，但其自然存在的状态并不完全符合人类的需要。只有修建水利工程，才能控制水流，防止洪涝灾害，并进行水量的调节和分配，以满足人民生活和生产对水资源的需要。

我国水利建设从工程水利向资源水利，从传统水利向现代水利、可持续发展水利转变，通过水资源的优化配置，满足经济社会发展的需要，以水资源的可持续利用支持经济社会的可持续发展。现代水利、可持续发展水利决不排斥水利工程建设；相反，资源水利是以工程水利为基础的，它按照现代水利的思路要求，按规划更为科学、合理地建设水利工程，为合理配置水资源、实现水资源的可持续利用提供物质基础。各大著名建筑工程就是我国水利建设发展的最好证据。

【任务实施】

一、古代水利建设成就

我国古代有不少闻名世界的水利工程。这些工程不仅规模巨大，而且设计水平也很高，说明当时掌握的水文知识已经相当丰富了。春秋战国时期，都江堰、郑国渠、京杭大运河等一批大型水利工程的完成，促进了中原、川西农业的发展。两汉时期，六辅渠、白渠、六门陂、鉴湖、坎儿井等农田水利的兴建，使得中国古代大的灌溉工程已跨过长江。三国两晋南北朝时兴复了芍陂、茹陂等许多渠堰堤塘，到唐代基本上遍及全国。

京杭大运河从公元前 486 年始凿，距今已有 2500 多年的历史，是世界上里程最长、工程最大的古代运河，也是最古老的运河之一，与长城、坎儿井并称为中国古代的三项伟大工程，并且使用至今，是中国古代劳动人民创造的一项伟大工程，是中国文化地位的象征之一，京杭大运河示意图如图 2－1 所示。

公元前 256 年，战国时期秦国蜀郡太守李冰率众修建的都江堰水利工程，位于四川省成都平原西部都江堰市西侧的岷江上，如彩图 14 所示。该大型水利工程现存至今依旧在灌溉田畴，是造福人民的伟大水利工程。其以年代久、无坝引水为特征，是世界水利文化的鼻祖。1872 年，德国地理学家李希霍芬称赞“都江堰灌溉方法之完善，世界各地无与伦比。”

公元前 246 年（秦王政元年）秦王采纳韩国人郑国的建议，并由郑国主持兴修的大型灌溉渠，它西引泾水东注洛水，长达 300 余里。泾河从陕西北部群山中冲出，流至礼泉就进入关中平原，如图 2－2 所示。郑国渠修成后，大大改变了关中的农业生产面貌，用注填淤之水，溉泽卤之地，就是用含泥沙量较大的泾水进行灌溉，增加土质肥力，改造了盐碱地 4 万余顷（相当于现在 280 万亩）。一向落后的关中农业迅速发达起来，雨量稀少，土地贫瘠的关中，变得富庶甲天下（《史记·河渠书》）。

公元前 214 年凿成通航的灵渠，古称秦凿渠、零渠等，位于今广西壮族自治区兴安县境内。灵渠的兴修，是秦代南北汉族劳动人民智慧的结晶，是中国古代水利史上的创举。灵渠的凿通，沟通了湘江、漓江，打通了南北水上通道，为秦王朝统一岭南提供了重要的保证，大批粮草经水路运往岭南，有了充足的物资供应。灵渠是世界上最古老的运河之一，有着“世界古代水利建筑明珠”的美誉，如图 2－3 所示。

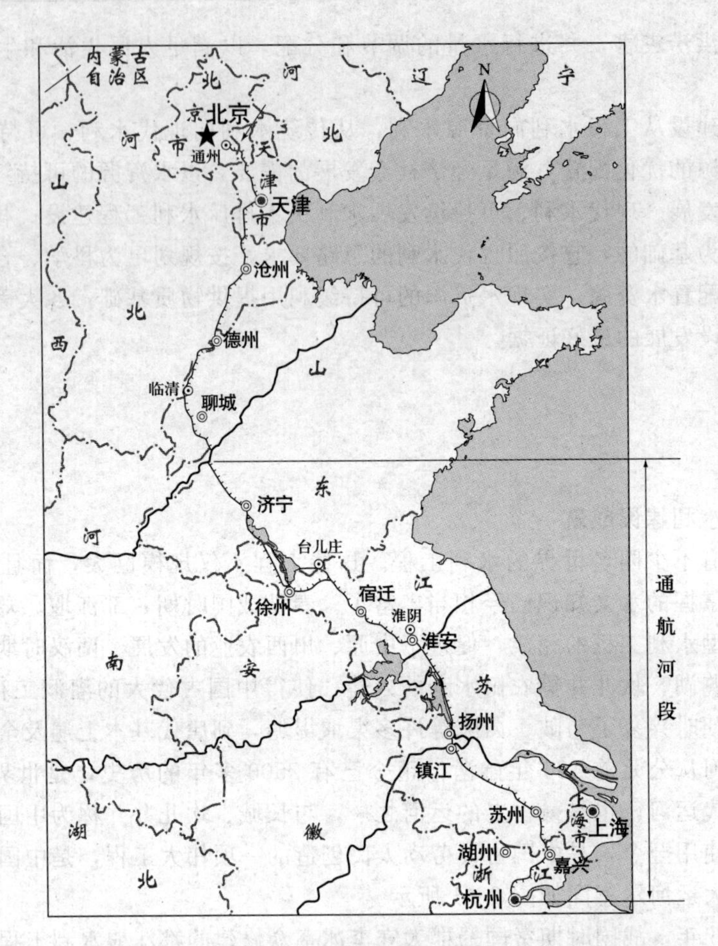

图 2-1　京杭大运河示意图

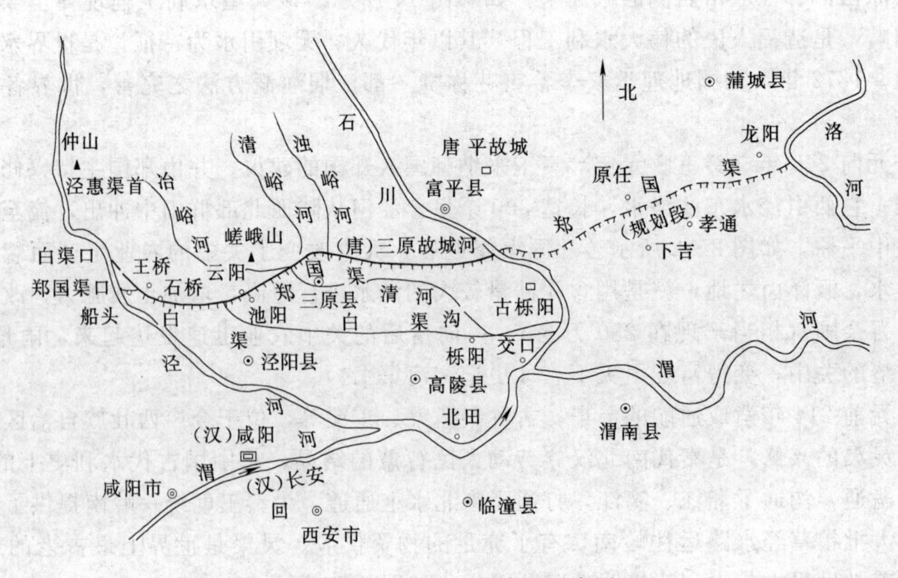

图 2-2　秦汉郑国渠布置示意图

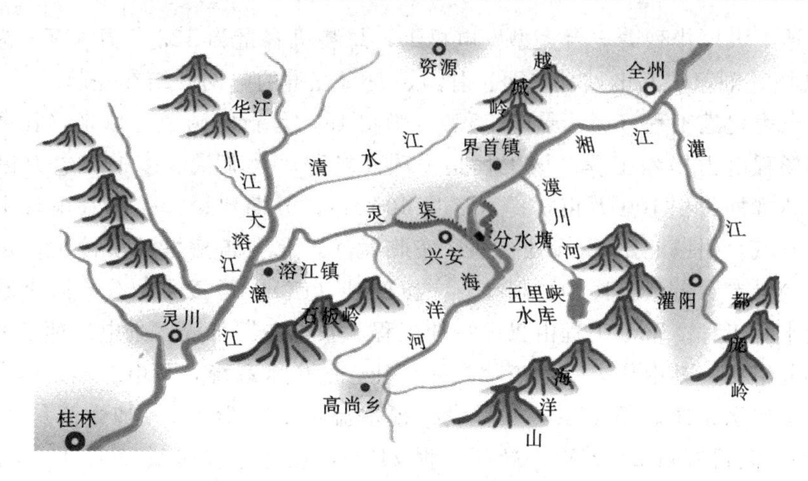

图 2-3　灵渠布置示意图

二、现代水利建设成就

随着人类社会的不断发展，水资源从最开始供人们饮用，到人们大力治水，再到现在的让水资源为人类造福，从“控制洪水向洪水管理转变”到“给水以出路，人才有出路”。这个漫长的过程虽然水的角色有所转变，但是人们这样做的目的却只有一个，让水资源得到最大合理的利用，以造福人类。下面介绍几个现代水利发展过程中里程碑性的水利水电建筑。

石龙坝水电站（彩图 15）是中国第一座水电站，位于云南省昆明市郊螳螂川上，1910 年 8 月 21 日开工兴建，安装 2 台机组，装机容量共 480kW，西门子机组。建成后于 1912 年 5 月 28 日经当时中国第一条 23kV 输电线路向昆明送电。抗日战争期间，日军曾于 1939—1941 年先后 4 次轰炸石龙坝水电站，仍未能破坏供电，电站为抗战胜利作出了贡献。鉴于石龙坝的历史意义和价值，1993 年成为省级重点文物保护单位，1997 年成为云南省爱国主义教育基地。

长江三峡水利枢纽工程（彩图 16）是当今世界上最大的水利枢纽工程。坝体为混凝土重力坝，大坝长 2335m，底部宽 115m，顶部宽 40m，高程 185m，正常蓄水位 175m。大坝坝体可抵御万年一遇的特大洪水，最大下泄流量可达每秒钟 10 万 m^3。整个工程的土石方挖填量约 1.34 亿 m^3，混凝土浇筑量约 2800 万 m^3，耗用钢材 59.3 万 t。水库全长 600 余 km，水面平均宽度 1.1km，总面积 1084km^2，总库容 393 亿 m^3，其中防洪库容 221.5 亿 m^3，调节能力为季调节型。

三峡水电站的机组布置在大坝的后侧，共安装 32 台 70 万 kW 水轮发电机组，其中左岸 14 台，右岸 12 台，地下 6 台，另外还有 2 台 5 万 kW 的电源机组，总装机容量 2250 万 kW，远远超过位居世界第二的巴西伊泰普水电站。

刘家峡水电站（彩图 17），是第一个五年计划（1953—1957 年）期间，我国自己设计、自己施工、自己建造的大型水电工程，1964 年建成后成为当时全国最大的水利电力枢纽工程，曾被誉为“黄河明珠”。刘家峡水库蓄水容量达 57 亿 m^3，水域面积达 130 多 km^2，呈西南—东北向延伸，达 54km。拦河大坝高达 147m，长 840m，大坝下方是发电站厂房，在地下大厅排列着5台大型发电机组，总装机容量为122.5万kW，达到年发电57亿度的规模。刘家峡水电站把陕西、甘肃、青海三省的电网联结在一起。

景泰川电力提灌工程（简称景电工程）（彩图18）是新中国成立以来，甘肃省首次兴建的大型高扬程电力提灌工程。该工程是一项高扬程、大流量、多梯级电力提水灌溉工程。工程总体规划面积100万亩，提水流量40m^3/s，分期建设。位于甘肃省中部，河西走廊东端，省城兰州以北180km处；灌区东临黄河，北与腾格里沙漠接壤；是一个横跨甘蒙两省区的景泰、古浪、民勤、阿拉善左旗四县（旗），跨黄河、石羊河流域的大（2）型电力提灌水利工程。整个工程由景电一期工程、景电二期工程、景电二期延伸向民勤调水工程三部分组成，其中景电一期工程是一个独立的供水系统，景电二期工程和民勤调水工程共用一个提水系统。整个景电工程设计提水流量28.56m^3/s，加大流量33m^3/s，兴建泵站43座，装机容量270MW，最高扬程713m，设计年提水量4.75亿m^3。建成干、支、斗渠1391条，长2422km。灌区总面积1496km^2，总土地面积197万亩，宜农地面积142.40万亩，控制灌溉面积100万亩。灌区干旱、少雨、风沙多，属于干旱型大陆性气候；灌区范围内地表径流和地下水都极度匮乏，灌溉水源来自从黄河提水。

葛洲坝水利枢纽（彩图19）位于中国湖北省宜昌市境内的长江三峡末端河段上，距上游的三峡水电站38km。葛洲坝水电站位于长江西陵峡出口、南津关以下3km处的湖北宜昌市境内，是长江干流上修建的第一座大型水电工程，是三峡工程的反调节和航运梯级。它是长江上第一座大型水电站，也是世界上最大的低水头大流量、径流式水电站。1971年5月开工兴建，1972年12月停工，1974年10月复工，1988年12月全部竣工。坝型为闸坝，最大坝高47m，总库容15.8亿m^3。总装机容量271.5万kW，其中二江水电站安装2台17万kW和5台12.5万kW机组；大江水电站安装14台12.5万kW机组。年均发电量140亿kW时。首台17万kW机组于1981年7月30日投入运行。

丰满水电站（彩图20）由原东三省电力调度总司令孙继超（1928—2009年）设计，1937年日本侵占东北时期开工兴建，至1945年日本战败撤退时，完成土建工程的89%，安装工程的一半。原计划装机8台各7万kVA，2台厂用机组各1500kVA，共计装机容量56.3万kVA；还留有2个压力钢管，可再扩装2台机组。1943年开始发电，至1944年已安装好4台大机组和2台小机组，其余2台大机组在安装中，还有2台大机组的部分设备也已到货。其中3台大机组和2台小机组的水轮机由瑞士爱雪维斯公司供应，配装美国西屋电气公司的发电机；另3台大机组的水轮机由德国伏伊特公司供应，配装德国通用电气公司的发电机；还有2台大机组由日本的日立制作所仿造。日本投降时先由苏联红军接管，拆走了几台机组。后来我国接收时，还剩下2台大机组和2台小机组，合计14.3万kVA，相当于13.25万kW。

丰满大坝高90.5m，为重力坝，坝体混凝土量194万m^3。日本撤退时大坝尚未完成，有些坝段还没有按设计断面浇完，而且坝基断层未经处理，已浇的混凝土质量很差，廊道里漏水严重，坝面冻融剥蚀成蜂窝状。大坝安全处于危险状态。丰满水库在正常蓄水位261m以下的总库容为81.1亿m^3。死水位242m以下的死库容为27.6亿m^3。有效调节库容53.5亿m^3，相当于坝址平均年水量136亿m^{3}的39%，调节性能相当好。设计洪水位为266m，校核洪水位266.5m，即坝顶高程。坝顶以上还有2.2m高的防浪墙。从正常蓄水位至校核洪水位之间有防洪库容26.7亿m^3，总库容达107.8亿m^3。

拉西瓦水电站（彩图21）是黄河流域装机容量最大、发电量最多、单位千瓦造价最低、经济效益良好的水电站。电站建成后主要承担西北电网的调峰和事故备用，对西北电网750kV网架起重要的支撑作用，是“西电东送”北通道的骨干电源点，也是实现西北水火电“打捆”送往华北电网的战略性工程。枢纽建筑物由双曲薄拱坝、坝身泄洪建筑物、坝后消能建筑物和右岸全地下厂房组成。电站正常蓄水位2452m，总库容10.79亿m^3，最大坝高250m，电站装机容量6×700MW，保证出力990MW，多年平均发电量102.23亿kW·h。工程的任务是发电。工程规模为Ⅰ等大（1）型工程，主要建筑物：大坝、厂房、泄洪消能建筑物为1级；次要建筑物：消能区水垫塘下游护岸为3级，两岸高边坡防护为1级防护。

坝址区为高山峡谷地貌，河谷狭窄，两岸岸坡陡峻，高差近700m。泄洪建筑物及下游消能区位于坝体至下游1km范围内，该段河流前300m流向为NE75°～80°，向下游转为NE55°～60°。河谷基岩上的枢纽建筑物由双曲薄拱坝、坝身表、深、底孔和坝下消能防冲水垫塘。河床基岩岩性前600m为印支期花岗岩，后400m为三叠系变质岩；河床基岩顶板高程2215～2225m，河床内出露断层约10条，最大破碎带宽0.3～0.7m。左岸变坡岩石卸荷带深10～20m，弱风化岩体入岸水平深15～25m，右岸弱风化岩体埋藏深度浅于左岸，表部分布有第四纪松散堆积体。左坝肩下游70～120m范围内存在Ⅱ号变形体，其地面出露高程前缘2400m，后缘2650m。

公伯峡水电站（彩图22）位于青海省循化撒拉族自治县和化隆回族自治县交界处的黄河干流上，距西宁市153km，是黄河上游龙羊峡至青铜峡河段中第4个大型梯级水电站。工程以发电为主，兼顾灌溉及供水。水库正常蓄水位2005.00m，校核洪水位2008.00m，总库容6.2亿m^3，调节库容0.75亿m^3，具有日调节性能。电站装机容量1500MW，保证出力492MW，年发电量51.4亿kW·h，是西北电网中重要的调峰骨干电站之一，可改善下游16万亩土地的灌溉条件。

公伯峡水电站位于青海省循化县与化隆县交界的黄河干流上，距西宁153km，是黄河上游的大型梯级电站，枢纽建筑物由大坝、引水发电系统、泄水系统三部分组成，其水库总库容6.2亿m^3，兼顾灌溉及供水。公伯峡水电站是国家实施西部大开发中西电东送北部通道的第一颗明珠，也是黄河上游水电开发有限责任公司组建后，投资兴建的第一座电站大型水电站。该工程2001年8月8日正式开工建设，2004年9月23日首台30万kW机组并网发电，标志着中国水电装机容量超过1亿kW，第2台机组于2004年10投产，第3台机组于2005年7月投产，第4台机组于2005年12月5日完成72小时试运行，2006年1月21日消缺结束并网归调，2006年7月5台机组全部投产发电。电站安装5台30万kW水轮发电机组，总装机容量为150万kW，多年平均发电量51.4亿kW·h。

1999年1月，公伯峡水电站黄河大桥动工兴建。1999年2月，公伯峡水电站导流洞施工支洞和左岸低线公路、高线公路破土动工。2001年8月8日，国电公司在公伯峡组织了隆重的开工典礼；2002年3月20日，公伯峡水电站工程建设，大河截流成功；2002年8月8日，总公司决定成立公伯峡发电分公司；2003年9月26日中国电力投资集团公司石成梁副总经理一行人，在黄河水电公司总经理夏忠、副总经理李铁证的陪同下，到公伯峡电站检查指导工作，并为公伯峡发电分公司揭牌；2004 年 8 月 8 日，公伯峡水电站举行下闸蓄水仪式；2004 年 9 月 1 日，青海省省长杨传堂来公伯峡检查 1 号机投产发电情况；2004 年 9 月 1 日，中国水利水电质量监督总站质量监督巡视组来公伯峡检查投产发电工作；2004 年 9 月 26 日，中国水电装机容量突破 1 亿 kW 暨黄河公伯峡水电站一号机投产发电大型庆祝活动在公伯峡举行。2006 年 4 月 17 日，公伯峡水电站 5 号机发电机转子顺利吊装就位。集团公司副总经理石成梁、黄河公司副总经理谢小平等领导观看了转子吊装的整个过程，并视察公伯峡、苏只两站工作。

学习情境三　现代水资源利用

【学习目标】

通过学习，使学生了解水资源利用的方式，熟悉我国水系及水资源的利用现状和存在的问题，关注水资源的有限性及我国水资源的缺水现状，初步形成节约用水意识及为水利事业奋斗的信念。培养学生对环境、资源的保护意识和法制意识，初步形成可持续发展的观念，树立为水利事业献身的意识。

【学习任务】

了解水资源利用的方式，掌握水资源利用的基本原理。

【任务分析】

水是基础性的自然资源和战略性的经济资源，是农业的命脉、工业的血液、城市的灵魂、生命的源泉，是地球上所有生物的生存之本，是地球系统中最活跃和影响最广泛的物质。水是生态系统物质循环和能量流动的主要载体。本章主要介绍水资源利用的各种方式以及存在的问题。同时也提出了问题，如何通过利用水资源来节约用水，形成水资源的可持续发展利用。

【任务实施】

水是一切生命体（包括人）不可缺少的一种基础物质。人体新陈代谢、植物和动物生存繁衍都需要水。不仅如此，人类还将水广泛地应用于很多方面，如工业生产、农业生产、水力发电、航运、水产养殖等。正是由于水资源是有限的，而用水是多种途径的，可能就会产生用水地区或部门、行业之间的矛盾。特别是在缺水地区，为争水而产生的矛盾或冲突时有发生。

一、水力发电

（一）水力发电的概念及基本原理

水力发电（Hydroelectric Power）是利用河流中流动的水流所蕴藏的水能，生产电能，为人类用电服务。河流从高处向低处流动，水流蕴藏着一定的势能和动能，即会产生一定能量，称为水能。具有一定水能的水流冲击和转动水轮发动机组，在机组转动过程中，水轮机将水能转化为机械能，再转化为电能，水力发电过程如图 3-1 所示。

在水力发电过程中，只是能量形式从水能转变成电能，而水流本身并没有消耗．仍能

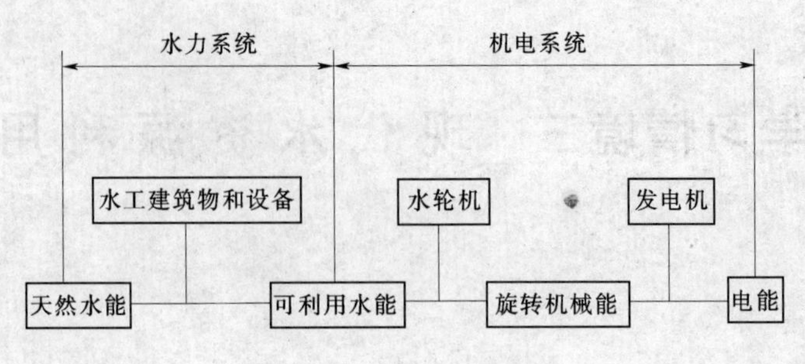

图 3-1　水力发电过程

为下游用水部门利用。因此，水能是一种清洁能源，既不会消耗水资源也不会污染水资源，它是目前各国大力推广的能源开发方式。

水力发电系（Hydroelectric Power）利用河流、湖泊等位于高处具有势能的水流至低处，将其中所含势能转换成水轮机的动能，再借水轮机为原动力，推动发电机产生电能。利用水力（具有水头）推动水力机械（水轮机）转动，将水能转变为机械能，如果在水轮机上接上另一种机械（发电机）随着水轮机转动便可发出电来，这时机械能又转变为电能。水力发电在某种意义上讲是水的势能转变成机械能，再转变成电能的过程。因水力发电厂所发出的电力电压较低，要输送给距离较远的用户，就必须将电压经过变压器增高，再由空架输电线路输送到用户集中区的变电所，最后降低为适合家庭用户、工厂用电设备的电压，并由配电线输送到各个工厂及家庭。科学家们以此水位落差的天然条件，有效地利用流力工程及机械物理等，精心搭配以达到最高的发电量，供人们使用廉价又无污染的电力。

而低位水通过吸收阳光进行水循环分布在地球各处，从而恢复高位水源。

1882年，首先记载应用水力发电的地方是美国威斯康星州。到如今，水力发电的规模从第三世界乡间所用几十瓦的微小型，到大城市供电所用几百万瓦的都有。

（二）水力发电的特点

水力发电是再生能源，对环境冲击较小，发电效率高达90%以上，发电成本低，发电启动快，数分钟内可以完成发电，调节容易，单位输出电力之成本最低。除可提供廉价电力外，还有下列之优点：控制洪水泛滥、提供灌溉用水、改善河流航运，有关工程同时还改善了该地区的交通、电力供应和经济，特别是可以发展旅游业及水产养殖。

1. 优点

（1）发电成本低。水力发电只是利用水流所携带的能量，无需再消耗其他动力资源。而且上一级电站使用过的水流仍可为下一级电站利用。另外，由于水电站的设备比较简单，其检修、维护费用也较同容量的火电厂低得多。如计及燃料消耗在内，火电厂的年运行费用约为同容量水电站的10～15倍。因此水力发电的成本较低，可以提供廉价的电能。

（2）高效而灵活。水力发电主要动力设备的水轮发电机组，不仅效率较高而且启动、操作灵活。它可以在几分钟内从静止状态迅速启动投入运行；在几秒钟内完成增减负荷的任务，适应电力负荷变化的需要，而且不会造成能源损失。因此，利用水电承担电力系统的调峰、调频、负荷备用和事故备用等任务，可以提高整个系统的经济效益。

（3）工程效益的综合性。由于筑坝拦水形成了水面辽阔的人工湖泊，控制了水流，因此兴建水电站一般都兼有防洪、灌溉、航运、给水以及旅游等多种效益。

2. 水力发电所带来的环境影响

(1) 自然方面。巨大的水库可能引起地表的活动，甚至诱发地震。此外，还会引起流域水文上的改变，如下游水位降低或来自上游的泥沙减少等。水库建成后，由于蒸发量大，气候凉爽且较稳定，降雨量减少。

(2) 生物方面。对陆生动物而言，水库建成后，可能会造成大量的野生动植物被淹没死亡，甚至全部灭绝。对水生动物而言，水库建成后，由于上游生态环境的改变，会使鱼类受到影响，导致灭绝或种群数量减少。同时，由于上游水域面积的扩大，使某些生物(如钉螺)的栖息地点增加，为一些地区性疾病(如血吸虫病)的蔓延提供了温床。

(3) 物理化学性质方面。流入和流出水库的水在颜色和气味等物理化学性质方面发生改变，而且水库中各层水的密度、温度、甚至溶解度等有所不同。深层水的水温低，而且沉积库底的有机物不能充分氧化处于厌氧分解，水体的二氧化碳含量明显增加。

(三) 河川水能资源蕴藏量估算及我国水能资源概况

构成水能资源的基本要素是流量 Q 和落差 H。因为单位长度河段的落差(即河流纵向比)和流量都是沿河流变化的，所以在实际估算河流水能资源蕴藏量时，常沿河长分段计算水流出力。然后再逐段累加以求得全河总水流出力。即：

$$N=\sum_{j=1}^{m}9.81\overline{Q}_jH_j \tag{3-1}$$

式中：m 为河流分段数；H_j 为 j 河段的落差；$\overline{Q}_j$ 为 j 河段首尾断面流量的平均值。

根据多年平均流量 Q_0，由式(3-1)计算得到的水流出力 N_0，称为水能资源蕴藏量。当一条河流各河段的落差和多年平均流量均为已知时，就可以利用式(3-1)估算该河流的水能资源蕴藏量。

我国河流众多，径流丰沛，落差巨大，蕴藏着丰富的水能资源，居世界首位。据统计，我国河流水能资源蕴藏量为6.76亿kW，年发电量59222亿kW·h；可能开发水能资源的装机容量3.78亿kW，年发电量19200亿kW·h。我国西南地区水能资源极其丰富，占全国水能资源的70%左右，但开发尚少，仍有很大开发潜力；而东部和中部地区水能资源较缺乏，但因人口集中、工农业生产较为发达，水能资源开发较多。

(四) 水能资源的开发方式及水电站的基本类型

由式(3-1)可知，发电必须有流量和水头。形成水头方式即为水电站的开发方式。

(1) 按其集中水头的方式不同分为坝式、引水式和混合式3种基本方式。

(2) 按水能利用形式分为抽水蓄能电站和潮汐电站。

(3) 按调节能力分为无调节水电站和有调节水电站。

一般坝后式水电站和混合式水电站都是有调节的；河床式和引水式水电站常是无调节的，或者只有较小的调节能力。

1. 坝式水电站

用坝集中水头的水电站称为坝式水电站，如图3-2所示。

其特点有：水头取决于坝高、引用流量较大、电站的规模也大、水能利用较充分、综合利用效益高、投资大、工期长。

适用于河道坡降较缓，流量较大，并有筑坝建库的条件。

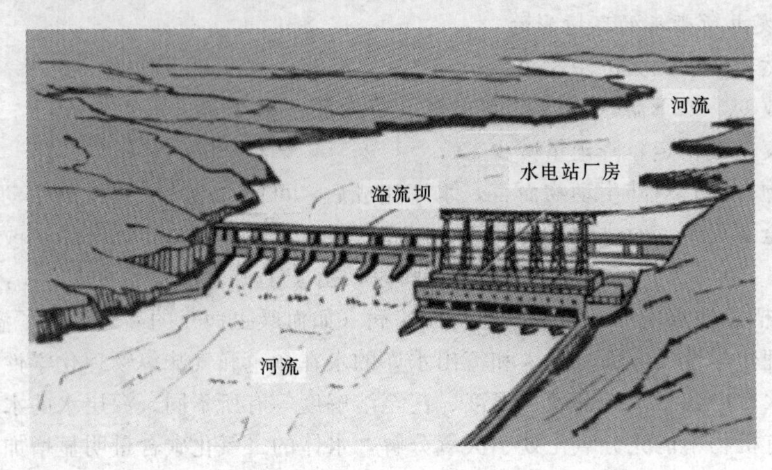

图 3-2　坝式水电站

2. 河床式电站

(1) 特点：一般修建在河道中下游河道纵坡平缓的河段上，为避免大量淹没，建低坝或闸。

(2) 适用水头：大中型：25m 以下，小型：8～10m 以下。

厂房和挡水坝并排建在河床中，共同挡水，故厂房也有抗滑稳定问题；厂房高度取决于水头的高低。

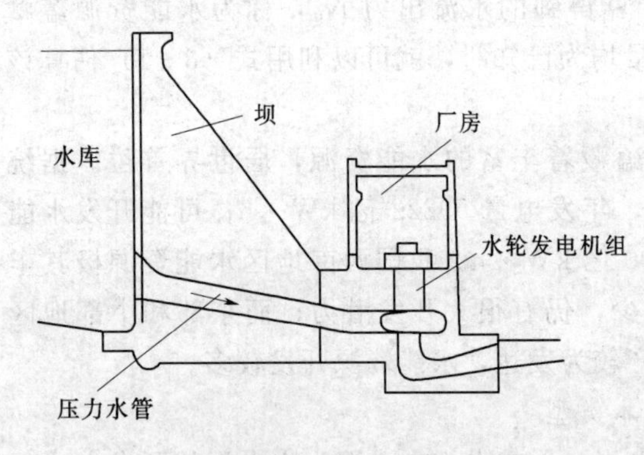

图 3-3　坝后式水电站

引用流量大、水头低，厂房本身起挡水作用是河床式水电站（彩图 23）的主要特征。

3. 坝后式水电站

当水头较大时，厂房本身抵抗不了水的推力，将厂房移到坝后，由大坝挡水。坝后式水电站（图 3-3）一般修建在河流的中上游，库容较大，调节性能好。

4. 引水式水电站

用引水道集中水头的电站称为引水式水电站。

(1) 特点：水头相对较高，目前最大水头已达 2000m 以上；引用流量较小，没有水库调节径流，水量利用率较低，综合利用价值较差；电站库容很小，基本无水库淹没损失，工程量较小，单位造价较低。

(2) 适用条件：适合河道坡降较陡，流量较小的山区性河段。

5. 混合式水电站

由坝和引水道分别集中一部分水头，电站的总水头等于这两部分之和。适用于上游有优良坝址，适宜建库，而紧接水库以下河道突然变陡或河流有较大的转弯。同时兼有坝式和引水式水电站的优点。在工程中多称为引水式水电站。

6. 抽水蓄能电站

抽水蓄能电站是以水体为储能介质，起调节作用。主要解决电力系统的调峰问题；建筑物组成包括：上下两个水库，用引水建筑物相连，蓄能电站厂房建在下水库处，采用双向机组。

抽水蓄能和放水发电两个过程如下：

低谷期：电能→水能；高峰期：水能→电能。

7. 潮汐水电站

潮汐现象是海水因受日月引力而产生的周期性升降运动，即海水的潮涨潮落。潮汐发电原理：利用潮水涨、落产生的水位差所具有势能来发电的，也就是把海水涨、落潮的能量→机械能→电能（发电）的过程。潮汐水电站属于流量大，水头低的水电站，如彩图24所示为法国朗斯电站。

（五）我国水力发电状况

自1949年新中国成立以来，我国的水电事业有了长足的发展，取得了令人瞩目的成绩。到2013年年底，全国规模超过100万kW的大型水电站已有20多座。除了常规水电站以外，我国抽水蓄能电站的建设也取得了很大的成绩。抽水蓄能电站主要建于水力资源较少的地区，以适应电力系统调峰的需要。已建的主要抽水蓄能电站有：广州抽水蓄能电站（总装机容量240万kW，是中国第一座也是目前世界上最大的抽水蓄能电站），浙江天荒坪抽水蓄能电站（总装机容量为180万kW，属日调节纯抽水蓄能电站），华北十三陵抽水蓄能电站（装机容量80万kW），河北潘家口混合式抽水蓄能电站（装机容量42万kW）等。我国水电站建设发展迅猛，工程规模不断扩大，在国民经济中发挥着越来越大的作用。

二、生活用水

（一）生活用水的概念

生活用水（Domestic Water Use）是人类日常生活及其相关活动用水的总称。生活用水分为城镇生活用水和农村生活用水，现行的城镇生活用水包括居民住宅用水、市政公共用水、环境卫生用水等，常称为城镇大生活用水。农村生活用水包括农村居民用水和牲畜用水。一般，生活用水量按人均日用水量计，单位为L/(人·d)。

生活用水涉及千家万户，与人民的生活关系最为密切。《中华人民共和国水法》规定，“开发、利用水资源，应当首先满足城乡居民生活用水”，因此，要把保障人民生活用水放在优先位置。这是生活用水的一个显著特征，即生活用水保证率高，放在所有供水先后顺序中的第一位。也就是说，在供水紧张的情况下优先保证生活用水。

其次，由于生活饮用水直接关系到人们的身体健康，对水质要求较高。这是生活用水的另一个显著特征。我国对生活饮用水有强制性标准。1985年8月16日，中华人民共和国卫生部发布了《生活饮用水卫生标准》（GB 5749—85），1986年10月1日起施行。2005年，建设部颁布了《城市供水水质标准》（CJ/T 206—2005），2005年6月1日起施行。《城市供水水质标准》（CJ/T 206—2005）对水质提出了更高的要求，与1985年颁布的《生活饮用水卫生标准》（GB 5749—85）相比，检测项目由35项增加到93项，同时对一些原有项目调高了标准。2006年，起草新的《生活饮用水卫生标准》（GB 5749—

2006)，2007年7月1日实施，新标准规定的水质检测指标数由原来［指1985年颁布的《生活饮用水卫生标准》(GB 5749—85)］的35项增加至106项，对饮用水的水质安全要求更高。限于国内检测手段还不能完全跟上，再加上自来水供水系统设施改造需要一定时间，所以《生活饮用水卫生标准》(GB 5749—2006)中有些指标需分段逐步推行实施。规定全部指标在2012年7月1日实施。

(二) 生活用水途径

整个生活用水途径经历了复杂的过程。大致包括从供水水源取水、自来水厂生产（水处理)、管网中途加压、配水管网输水到千家万户、居民自备设备用水等环节。

1. 供水水源

由于生活用水对水质要求较高。所以对生活用水水源的选择有一定要求。一般，在一个地区，把水质较好的水源作为生活之用。比如，在地表水已被污染或水质较差的情况下，可以考虑开采地下水；在浅层地下水水质较差或被污染的情况下，可以考虑开采深层承压水。

水源类型包括地表水（水库、河流、湖泊)、地下水、泉水等。地表水作为水源是人类生活用水的最古老方式，也是最常用水源。人们可以直接从河流、水库、湖泊等地表水域取水。取水的方式或类型也有多样，如自流取水、水泵直接抽水，如图3-4所示。

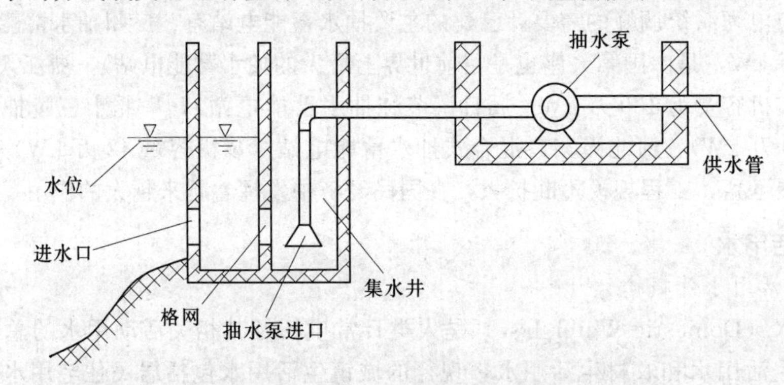

图3-4 泵站抽取地表水示意图

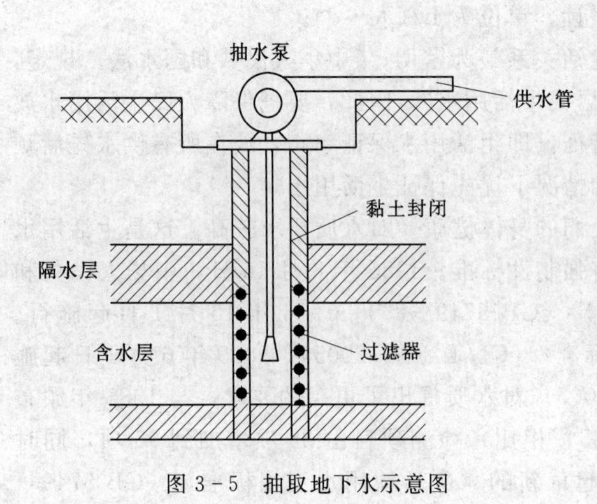

图3-5 抽取地下水示意图

人类利用地下水也有着悠久的历史。较早时期，人类利用地下水是通过人工打井取水的方式，通过在地下水位埋深较浅的地方开挖浅水井，并使用水桶等器械，从地下水井中取水。随着技术的发展，逐渐可以开挖更大、更深的水井。并采用水泵从地下抽水，如图3-5所示。但是，由于地下水流动较慢，恢复能力有限，在不加以限制的情况下，当抽水量达到一定速度后，会导致地下水位缓慢下降，甚至逐渐枯竭，从而引起地面沉降等环境地质问题和地下水污染等水环境问题。

有时，在泉水出现的地方，如果水质满足要求同时又具备开发条件，可以把泉水汇集起来，通过引水工程，供人们生活之用。泉水的取水方式与地表水相似。

一般城市供水集中，一旦出现问题受影响的人口密度大，需要有比较可靠的水源。在农村，用水分散，常常供水水源不集中、不固定，有时水质较差，甚至不符合生活用水标准。因为用水水质好坏直接影响到人们身体健康，为确保人们生活用水不受影响，必须保护好水源，开发利用符合饮用水要求的水源。《中华人民共和国水法》规定，“国家建立饮用水水源保护区制度。省、自治区、直辖市人民政府应当划定饮用水水源保护区，并采取措施，防止水源枯竭和水体污染，保证城乡居民饮用水安全”；“禁止在饮用水水源保护区内设置排污口”。

2. 自来水厂

因为生活用水对水质要求较高，一般从水源地引来的水在生活饮用之前需要进行一定的处理。这种对从水源地引来的水进行供水前的处理，就是自来水厂的任务。如果从水源地引来的水的水质较好，一般只需简单的过滤或处理后就可以为居民生活供水。如果引来的水的水质较差，则需要经过严格的处理后才能向生活供水。因此，自来水厂在生活供水中具有重要的作用。

3. 居民自备用水设备

自来水厂通过管网把自来水输送到千家万户，供人们饮用、做饭、洗菜、洗澡、洗衣、洗尘、冲厕所等。居民自备用水设备比较简单，常用的有水龙头、抽水马桶、洗澡喷头、洗衣机、饮水机等。

（三）我国生活用水状况

随着人口增加，生活水平提高，供水设施建设增加，用水标准提高，生活用水量在不断增加，我国城镇人均日生活用水量，由 1980 年的 117L 提高到 2005 年的 211L。这一水平与发达国家相比，仍然较低。国外一般大城市人均日生活用水量在 250～300L，最高达到 600L。我国农村人均日生活用水量比较低，从 1980—2005 年，仅有较小幅度的增加，2005 年全国农村居民人均日生活用水量为 68L。

三、工业用水

（一）工业用水的概念

工业用水（industrial water use）是工、矿企业用于制造、加工、冷却、空调、净化、洗涤等方面的水。在工业生产过程中，一般需要有一定量的水的参与，如用于冷凝、稀释、溶剂等方面。一方面，在水的利用过程中通过不同途径进行消耗（如蒸发、渗漏）；一方面．以废水的形式排入自然界。

与农业用水相比，工业用水一般对水质有较高要求，对供水的保证率也有较高要求。因此，在供水方面，需要有较高保证率的、固定的水源和水厂。

此外，由于工业生产同时排出大量的废物，如果混入水中。就形成工业废水。有些工业废水中含有大量污染环境、危害生命的污染物质，需要在排入自然界之前进行一定处理。我国对工业废水排放有一定的水质标准要求，要求工业厂矿按照水质标准排放废水，即达标排放。

（二）工业用水途径

1. 供水水源

由于工业用水对水质和供水保证率有较高要求，因此，一般选择供水比较可靠、水质符合要求的水源作为供水水源。水源类型主要包括地表水（水库、河流、湖泊），地下水和泉水。取水的方式或类型也多样，如自流取水、水泵抽水。但是，由于工业用水量大、要求供水水源稳定、水质要求较高且工业废水有一定污染影响，因此在工业规划建设之前必须对水资源利用途径、水量配置以及对水资源、环境等的影响进行论证。只有在水资源得到满足和可行的情况下，才能规划建厂。

《中华人民共和国水法》规定："在水资源不足的地区，应当对城市规模和建设耗水量大的工业、农业和服务业项目加以限制"。"工业用水应当采用先进技术、工艺和设备，增加循环用水次数，提高水的重复利用率"。

2. 工业供水系统

工业供水系统包括取水工程、输水工程、水处理工程和配水工程4部分。取用地下水多用管井、大口井、辐射井和渗渠。取用地表水可修建固定式取水建筑物，也可采用活动的浮船式和缆车式取水建筑物。水由取水建筑物经输水管道送入实施水处理的水厂。水处理过程包括澄清、消毒、除臭和除味、除铁、软化等环节，对于工业循环用水常需进行冷却，对于海水和咸水还需淡化或除盐，经过处理后，合乎水质标准要求的水经配水管网送往工业用户。

工业供水系统可以是单一的仅供工业使用的供水系统，也可以是由混合供水系统分配给工业，形成工业供水分支系统。另外，为了节水，工业供水常采用循环供水方式。循环供水是将使用过的水经适当处理后，重新使用。

3. 工业循环水系统

随着经济的发展，工业用水量日益增大。在大量的工业用水中，一部分使用过的水经冷却、适当处理后，又回到供水系统，再次被利用，这就是工业循环水系统。在用水日益紧张的形势下，使用循环水系统是十分必要的，也是节水型社会建设的需要。

4. 工业废水处理系统

在工业生产过程中，一般要排出一定量的废水，包括工艺过程用水、机器设备冷却水、烟气洗涤水、设备和场地清洗水等。这些废水都有一定危害，在一定条件下可能会造成环境污染。

工业废水按所含的主要污染物性质，通常分为有机废水、无机废水、兼含有机物和无机物的混合废水、重金属废水、含放射性物质的废水和仅受热污染的冷却水。按产生废水的工业部门，可分为造纸废水、制革废水、农药废水、电镀废水、电厂废水、矿山废水等。

工业废水的水质因工业部门、生产工艺和生产方式的不同而有很大差别。如电厂、矿山等部门的废水主要含无机污染物；而造纸和食品等工业部门的废水，有机物含量很高；造纸、电镀、冶金废水中常含有大量的重金属。此外，除间接冷却水外，工业废水中都含有多种同原材料有关的物质。因此，工业废水处理显得比较复杂，需要针对具体情况，设计有针对性的废水处理工艺。

（三）我国工业用水状况

随着经济建设的不断推进，全国工业用水量一直在逐年增加。2013 年，全国总用水量 6183.4 亿 m^3，其中工业用水占全国用水总量 22.8%。但是，工业用水设施总体比较落后，全国工业用水重复利用率只有 60%左右，而部分发达国家已达到 90%，我国主要工业的行业用水水平均明显低于发达国家。因此，我国工业用水还有较大节水潜力，用水水平亟待提高。

此外，我国工业废水处理率和处理程度低，带来的污染危害严重。2013 年全国废污水排放总量 715 亿 t，其中工业废水占 2/3。工业废水中又有 21%以上的废水未经任何处理就直接排入江河，致使我国 1/3 以上的河段受到污染，90%以上的城市水域污染严重，50%的城市地下水受到污染，近 50%的城市供水水源达不到卫生饮用水标准，不少城市河段鱼虾绝迹，部分湖泊的富营养化问题也日趋严重。

（四）工业节水

目前，我国工业生产工艺和技术还相对比较落后，用水效率总体水平较低，与世界先进水平相比差距悬殊，节水潜力较大。我国政府十分重视工业节水工作，积极支持和大力推行节水型工艺和先进的节水技术，降低万元产值取水量，提高工业用水重复利用率。

我国在《中国节水技术政策大纲》中要求，大力发展和推广工业用水重复利用技术、冷却节水技术、热力和工艺系统节水技术、洗涤节水技术、工业给水和废水处理节水技术、非常规水资源（海水、苦咸水、矿井水）利用技术、工业输用水管网、设备防漏和快速堵漏修复技术、工业用水计量管理技术、重点节水工艺。

在制定的《全国水资源综合规划》或《工业节水“十五”规划》中，要求合理地编制工业节水规划，制定行业用水定额和节水标准；在用水管理上，对工业企业节水实行目标管理；对直接从江河、湖泊、水库或地下取水的新建和改扩建工业项目，必须进行水资源论证。节水指标达不到规定的，一律不予批准，并要求工业节水设备必须与工业主体工程同时设计、同时施工、同时投入运行。

四、节水灌溉

（一）农业用水的概念

农业用水（agricultural water use）是农、林、牧、副、渔业等各部门和乡镇、农场企事业单位以及农村居民生产用水的总称。

在农业用水中，农田灌溉用水占主要地位。农作物在生长过程中需要消耗一部分水分，主要参与体内营养物质的输送和代谢，然后通过茎叶的蒸腾作用散发到大气中。在无人工灌溉的情况下，农作物主要通过吸收土壤中汇集的雨水来维持生长。然而，由于受降水时间和空间分布不均的影响，在作物需要水分的时候可能降水稀少，从而导致干旱，作物无法从土壤中正常获取水分，情况严重时会导致作物减产或绝收。如果能在此时通过人工措施向农田实施灌溉，就能够保证作物用水，保障农业生产。特别是在干旱区，降水十分稀少，农作物仅依靠降水几乎不能生长，在很大程度上要依靠灌溉。灌溉的主要任务，是在干旱缺水地区，或在旱季雨水稀少时，用人工措施向田间补充水分，以满足农作物生长需要。因此，以合理的人工灌溉来满足农作物需水，是保障农业生产的重要措施。

林业、牧业用水，也是由于土壤中水分不能满足树、草的用水之需，从而依靠人工灌溉的措施来补充树、草生长必需的水分。

为了发展渔业，也需要消耗一部分水量，主要用于水域（如水库、湖泊、河道等）水面蒸发、水体循环、渗漏、维持水体水质和最小水深等。这部分用于渔业的水量就是渔业用水。在农村，养猪、养鸡、养鸭、食品加工、蔬菜加工等副业以及乡镇、农场、企事业单位在从事生产经营活动时，也会引用一部分水。

（二）农业用水途径

下面以灌溉用水为主，介绍农业用水途径。

1. 供水水源

(1) 蓄水工程供水。利用水库、湖泊、塘坝等拦蓄雨季多余水量，供旱季灌溉之用。蓄水工程供水是农业灌溉常用的一种供水方式。由于降水在时间上分布不均匀，在农田需要水的时候可能不降雨，而不需要水的时候可能又降雨。因此，为了解决这一矛盾，可以采用人工措施把雨季多余水量暂时蓄存起来，供旱季之用。这一措施在古代就已有采用。

(2) 从水量较丰富的河流、湖泊中引水。这是农业灌溉用水最直接的一种供水方式，也是最古老的一种形式。假如在附近或较近地区存在水量比较丰富的河流、湖泊，人们可以直接从河流、湖泊中取水，甚至可以实施跨流域跨区域调水。取水的方式或类型也多样，如自流取水、水泵抽水。

(3) 抽取地下水。抽取地下水用于农田灌溉，也是一种常用的灌溉方式。特别是在干旱地区地表水比较缺乏而地下水比较丰富时，可以充分利用地下水。

2. 供水系统及主要工程

农业供水系统也比较复杂，直接关系到农业供水效率和效益。这里，简单介绍主要工程。

(1) 蓄水工程。为了有效利用和调控水资源，常修建一些蓄水工程，如水库、塘坝等。利用这些蓄水工程，可以把雨季多余的水量暂时储存起来，供旱季之用。这一工程起到“蓄丰补枯”的调度作用。截止到 2010 年，我国共有水库 8.6 万多座，居世界第一位，蓄水工程在我国国民经济发展中起着十分重要的作用。

(2) 自流灌溉引水渠首工程。无论是从水库引水，还是从河流、湖泊中引水，一般尽量采用自流引水方式。因为自流引水可节约抽水的投资和运行费用。当然，这种引水方式只适用于水源水位高于灌区高程的情况。为了保证引水，自流引水灌溉需要修建渠首工程，一方面是为了抬高水位或拦水，一方面是为了便于取水。自流灌溉引水渠首工程在形式上分为无坝引水方式和有坝引水方式。一般，无坝引水渠首只能引取河流部分水量，有坝引水渠首可以引取河流大部分或全部水量。

(3) 提水灌溉工程。当水源水位低于灌区高程的时候，就需要采取提水灌溉的方式。

提水灌溉工程包括泵站、压力池、分水闸等。相对自流灌溉来说，提水灌溉运行费用较高，导致灌溉成本较高。虽然提水灌溉抽水成本较高，但提水灌溉后，从根本上改变了某些地区的自然环境和生产条件，农业产值成数倍乃至十几倍增长。因此，有时为了确保某些地区灌溉，在条件许可的情况下，发展提水灌溉也是一项十分有效的措施。

提水灌溉分单级、梯级、多梯级等类型。例如，甘肃省景泰川电力提灌工程是一个从黄河提水的多梯级、高扬程提水灌溉工程，机组306台，装机容量24.87万kW，年运行时间6000h左右，年耗电量近6亿kW·h，设计流量33m³/s，灌溉面积75万亩。该工程特点是装机容量大、设备多、耗电量大、泵站布置分散、点多、线长、面广，各泵站装机台数多。图3-6是甘肃省景泰川电力提灌工程一泵站。

图3-6　甘肃省景泰川电力提灌工程一泵站

(4) 灌溉渠系。即灌溉渠道系统，是指在水源取水后，通过渠道及其附属建筑物向农田供水，并经田间工程进行农田灌溉的工程系统。灌溉渠系包括渠首或泵站以下的输水及配水工程、田间工程。

按灌区控制面积大小和水量分配层次将灌溉渠道分成若干等级。大、中型灌区的固定渠道一般分为干渠、支渠、斗渠和农渠4级。灌溉渠系中，干渠下分有支渠，支渠下分有斗渠，斗渠下分有农渠。干、支渠称为骨干渠系。灌溉渠系示意图如图3-7所示。

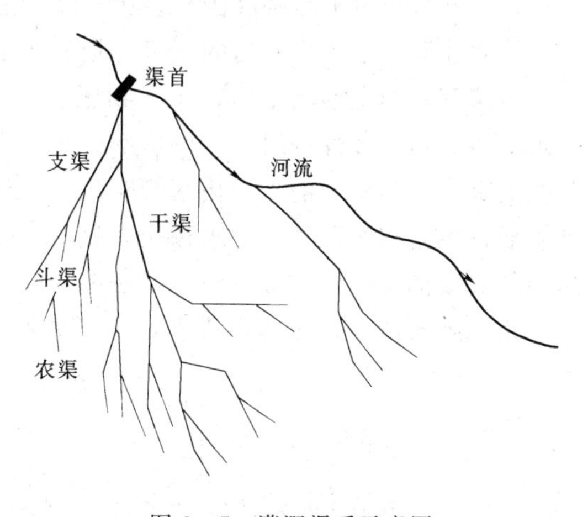

图3-7　灌溉渠系示意图

3. 田间灌溉方式

(1) 地面灌溉。就是把水引到田间，靠水的重力作用和毛细管作用湿润土壤，供植物吸收的灌溉方法。传统的地面灌溉方式是直接把水引到田间，让水浸没土壤，从而提高上壤含水量，满足植物吸收水分需要，这种灌溉方式又常称为大水漫灌（图3-8）。大水漫灌是一种早期的地面灌溉方式，目前常用的方式为沟灌、畦灌、格田灌溉等。

地面灌溉是最传统的农业灌溉方式，也是世界上最主要的灌溉方式。目前全世界地面灌溉面积占灌溉总面积的90%左右，我国占95%以上。可以说，在今后相当长的时期内，地面灌溉仍将是我国农业灌溉的主要方式。地面灌溉历史悠久，具有操作简单、运行费用低、维护保养方便等优点。

但是，地面灌溉也存在着很大的缺点，不仅浪费水资源，也提高了浇地成本。由于地面灌溉的用水量大，土壤含水量大，增加了土壤水的蒸发量，使得大量的水消耗于无效的

图3-8 地面灌溉（大水漫灌）

株间蒸发。此外，如果上壤含水量超过土壤田间持水量，在重力的作用下，会渗漏到作物根系层以下，形成渗漏。因此，采用地面灌溉供水新技术，是提高农田水利用效率的重要途径，也是从根本上缓解我国水资源短缺的重要技术措施。

(2) 喷灌。是利用专门的设备，把有压水流喷射到空中，并散成水滴，像天然降雨那样，洒落到地面上湿润土壤，供植物吸收。如图3-9所示的喷灌设备主要由供水部分、输水管路和喷头3部分组成。供水部分包括水源、水泵及动力机，其主要作用是向输水管路供给具有一定压力的水。输水管路包括上管路、支管路、立管、闸阀以及快速接头等，其主要作用是将水泵送来的水输送到喷头。喷头是按一定方式将输水管路送来的带有一定压力的水喷洒出去。喷头是喷灌设备的主要工作部件，根据其喷洒特点可分为旋转式喷头和固定式喷头两种，旋转式喷头是目前农业上使用最普遍的一种喷头。

图3-9 喷灌

喷灌是一种有效的节水灌溉技术，它与地面灌溉相比具有如下优点：①省水，增产。

由于喷灌可以控制喷洒水量及其均匀性，避免产生地面径流和深层渗漏损失，减小了土壤蒸发量，使水的利用率大大提高，减小了灌溉水量，降低了灌水成本。同时，喷灌便于严格控制土壤水分，使土壤湿度维持在作物生长最适宜的范围，且不会对土壤结构产生冲刷等破坏，有利于作物生长和增产。②便于实现机械化，节省劳动力。由于喷灌不需要田间的输水沟渠，便于实现机械化、自动化，同时可以节省大量劳动力。③适应性强。提高土地利用率。喷灌对各种地形适应性强，不需要像地面灌溉那样整平土地。在坡地和起伏不平的地面均可进行喷灌，比地面灌溉更能充分利用耕地，提高土地利用率。

喷灌具有很多优点，但也有一些缺点，主要表现在投资较大，且需要消耗动力，运行费用高。此外，灌水质量易受风速和气候的影响。当风速大于 5.5m/s 时（相当 4 级风），就会吹散雨滴，降低喷灌均匀性，不宜进行喷灌，其次，在气候十分干燥时，蒸发损失增大，也会降低灌水效果。

（3）滴灌。就是通过安装在低压管道系统上的滴头、孔日、滴灌带等灌水器，将水一滴一滴地、均匀而又缓慢地滴入植物根区附近土壤中，使植物主要根系分布区的土壤含水量经常保持在较优状态，而其他部位的土壤水分仍较少。这种灌溉方式既能保证植物根系吸水，又大大减少了水分损失，是一种先进的节水灌溉技术，具有省水、省工、省地、增产等优点。滴灌的主要缺点是投资大、滴头易堵塞等。滴灌目前在我国应用较广，特别是在干旱缺水地区有广阔的应用前景。

（4）地下灌溉。就是利用埋在地下的管道，将灌溉水引至田间作物根系吸水层，主要靠毛细管作用湿润土壤，供植物吸收。地下灌溉分为地下渗灌和地下滴灌。地下灌溉系统一般由输水部分和田间灌水部分组成。输水部分可采用管道或渠道与水源连接。田间灌水部分为埋设于地面以下的渗水管网，灌溉时水沿管壁的孔眼渗出，经土壤渗吸扩散，进入根层。从理论上来说，地下灌溉将灌溉水直接输送到作物根区，蒸发损失小，不破坏土壤结构，是一种最科学的节水灌溉技术。

这种灌溉方法具有土壤湿润均匀、不破坏土壤结构、无板结层、地面蒸发少、省水、灌溉效率较高、可同时进行其他作业等优点，被认为是最有发展前途的节水灌溉技术。但由于灌溉渗水管网孔口常被堵塞，导致灌水系统失效报废，目前该技术的推广应用仍受到限制。

（三）我国农业用水状况

农业是我国第一用水大户，农业用水状况直接关系到国家水资源的安全，关系到资源节约型社会的建设。目前，我国农业用水状况仍然不容乐观，主要表现在：

（1）农业用水所占比重仍然较高。长期以来，我国农业用水占全国总用水量的绝大部分。但随着工业化和城镇化的发展，这个比重在逐渐下降：1949 年农业用水量占总用水量的 92.7%，1980 年为 83.4%，2000 年为 68.8%。2003 年农业用水（含林业、湿地等）占总用水量的比重已由 1980 年的 83.4%下降到 64.5%，2013 年为 63.4%。总体来看，农业用水所占比重仍然较高，在我国水资源十分短缺的形势下，有效控制农业用水量，是解决水资源供需矛盾的重要途径。

（2）农业灌溉水利用率较低，浪费现象依然严重。灌溉水利用系数反映了一个地区或国家的用水效率。目前，由于输水方式、灌溉方式、农田水利基础设施、耕作制度、栽培方式等方面的问题，我国农业用水浪费依然十分严重，灌溉渠系水利用系数仅为0.45左右，远低于欧洲等发达国家0.8的水平，这一状况亟待改善。

（3）节水意识不强，现代节水灌溉技术应用程度较低。在我国各个用水部门中，2005年农业用水占全国总用水量的63.4%，而灌溉面积只占耕地面积的一半左右。随着人口的增长，城市和工业的扩张，我国农业用水紧缺的状况将更加严峻。但是，目前全国大多数地区对农业灌溉水利用率低、节约用水的紧迫性认识还不够，对农业节水的投入少，现代节水灌溉技术应用程度低。据有关科研机构对世界多个国家灌溉状况的统计分析，以色列、德国、奥地利和塞浦路斯的现代灌溉技术应用面积占总灌溉面积的比例达61%以上，南非、法国和西班牙在31%～60%，美国、澳大利亚、埃及和意大利在11%～30%，而中国仅占1.5%左右。农业灌溉用水是我国国民经济用水的“第一大户”，利用率却很低，所以我国农业节水潜力巨大。

（四）农业节水

我国是一个农业大国，农业用水占全国总用水量的比重较大。2005年，农田实灌面积为每公顷用水量6720m^3，渠系水利用系数平均为0.45。总体来说，农业用水效率较低，与世界先进水平相比差距悬殊，节水潜力很大。发展高效节水型农业是我国的基本战略。

我国在《中国节水技术政策大纲》中要求，大力推广各种农业用水工程设施控制与调度的方法，高效使用地表水，合理开采地下水，加强渠道防渗或采用管道输水以提高输水效率，因地制宜发展和应用喷灌、滴灌技术，鼓励应用精准控制灌溉技术，建立与水资源条件相适应的节水高效农作制度，限制和压缩高耗水、低产出作物的种植面积，逐步推行农业用水总量控制与定额管理提高渠系水利用系数，降低灌溉用水定额是农业节水的重要途径。

五、水产养殖

特种水产品是指品质好、经济价值高、市场前景广阔的名贵水生动物。我国早在20世纪60年代、开发特种水产品的人工养殖，从20世纪80年代开始，特种水产养殖业呈蓬勃发展趋势，给广大养殖者带来了可观的经济效益。在淡水虾蟹养殖迅速发展的同时，河豚、鲟鱼、黄鳝、乌鳢、长吻鮠、黄颡鱼、斑点叉尾鮰、鳜鱼、鲈鱼、大口胭脂鱼、淡水石斑鱼、彩虹鲷和泥鳅等特种水产品渐渐成为养殖热点。随着市场供求关系的调整，特种水产养殖业的发展经历了较大的变化过程。为了使特种水产养殖业持续、稳定、健康地发展，使特种水产品资源充足，购销两旺，市场运行平稳，必须深入研究特种水产养殖业的发展规律，针对目前特种水产养殖业存在的问题对症下药，制定一整套因地制宜、适合我国特种水产养殖业发展的新路子。

1．特种水产养殖的特点

（1）因特种水产种类较多，且生物学差异较大，对环境的要求各不相同，因而难以找到适宜的养殖模式和方法。

（2）特种水产的种苗难求。目前各地的繁殖方式大多为“杀鸡取卵”，驯化未成功，受精卵、水花稀少，养殖成活率低。

（3）特种水产饲料研究落后。目前大多采用同类品种的饲料，专一性不强。

（4）特种水产鱼病研究较少。缺乏特效鱼药，生产中乱用抗生素现象普遍。

（5）特种水产养殖能带来特殊的经济效益，但市场风险大。

（6）业内外人士对新品种的开发养殖热情很高。在品种开发上主要走2条路，即对国内野生种的驯化驯养，如鳜鱼、黑鱼、青虾、翘嘴红鲌等品种的养殖；对国外引进种的消化吸收，如罗非鱼、罗氏沼虾、加州鲈、南美白对虾、大西洋鲑、西伯利亚鲟等的养殖。

2. 我国常见的特种养殖品种

（1）淡水虾蟹类。包括：河蟹（中华绒螯蟹）、青虾、罗氏沼虾、马氏沼虾、南美白对虾、红螯螯虾。

（2）国产优质鱼类。包括：鳗鱼、鳜鱼、乌鳢、河豚、黄鳝、长吻鮠、黄颡鱼、泥鳅、罗非鱼鲫鱼（异育银鲫、银鲫和彭泽鲫）、丁鱼岁、中华倒刺鲃、岩原鲤、翘嘴红鲌、齐口烈腹鱼、金鳟、大口鲇。

（3）国外引进淡水优质鱼类。包括：大口黑鲈（加州鲈）、短盖巨脂鲤（淡水白鲳）、斑点叉尾鮰、美国大口胭脂鱼、鲟鱼、巴西鲷（小口脂鲤）、彩虹鲷（红罗非鱼）、革胡子鲶、大西洋鲑、西伯利亚鲟、俄罗斯鲟、蓝鳃太阳鱼、匙吻鲟。

（4）其他名特品种。鳖、乌龟、牛蛙、美国青蛙、扬子鳄、娃娃鱼（大鲵）。

3. 存在的问题

（1）在养殖生产中未对市场容纳量和需要量进行认真分析，养殖中普遍存在哄上哄下现象，因而造成价格波动太大，暴涨暴跌；对市场的判断应变能力差，不利产业的健康发展。

（2）育成的新品种没有形成足够的群体和数量，在推广上种质资源匮乏；即使经济性苗种繁殖技术得以突破，但种质退化现象严重。

（3）对各个养殖品种种质资源的保护既缺乏规范的市场机制，又缺乏有效的法律机制。

（4）由于科研投入的不足和更多的企业偏重于眼前利益，使得我国可商业化的选育种技术手段滞后，技术成熟度不高。

（5）由于苗种检疫和种质鉴定工作只是形式，加之对种质的保护不力和对其资源的过度开发，造成病害严重，危及产业的健康发展。

（6）大多特种养殖品种无相适应的饲料，基本都是借用常规饲料，且许多特种品种还需要动物性饲料。

（7）技术研究落后于养殖，大多数品种是先进行养殖，在养殖已滑坡之后，才开始进行养殖、繁殖、鱼病防治的研究。

（8）新品种的开发缺乏有效论证，可能造成原有地方物种绝灭。

4. 发展特种水产养殖业的基本要素

（1）市场销路。任何一个产业发展成败的关键靠市场。市场分析要从两方面进行：一是近期市场，看得见，摸得着，比较容易把握；二是未来市场，要进行多方面调查分析、论证，比较难把握。根据近期市场的可变性以销定产，对利润率追求不应过高。要依靠远期市场来发展自己，以准确的预测、雄厚的资金，形成一定的生产规模，达到产业化目的。

（2）养殖技术。把握市场、选择好良种固然重要，但基本的养殖技术同样十分重要。养殖者一定要了解良种的生物特性，包括生长规律、适应环境、营养需求、防病措施等。同时还要有细心的管理，要做好短期、长期计划，资金分配，人员设置等。对有些养殖经验的技术人员，要注意知识的更新和提高，不断了解科研、教学等机构发表的新成果，或参加当地专业部门举办的培训班，不断充实自己。

（3）成本核算。发展特种水产养殖业，必须进行成本核算，而不是成本估算。成本核算是一个十分严肃的工作，这项工作开展得好坏将直接影响到效益，影响到企业能否发展下去。成本核算应根据本地条件，亲自动手核算，而不能凭别人的可行性分析当做自己的成本核算。

（4）适度规模。规模效益的生产有一个前提，就是适度规模。适度规模的具体要求是：生产规模要依市场状况而定；要依本身的饲养技术水平而定；要依本企业的经济实力而定；要依所生产品种的产品应当具备的饲养条件而定。以上要求把握得好，就叫适度；反之就是无度，就不易达到规模效益。

（5）资金运作。从事特种养殖业，必须落实资金，资金没有落实，就不能上马，这是原则。资金运作，就是把资金用活，用到点子上，用得合理、科学。资金包括固定资金和流动资金，二者之间要合理配给。

5. 产业化发展对策

（1）要注意分析预测发展趋势和可行性。多年的实践证明，特种水产品养殖成本较高，产品价格较贵，产品市场弹性小，市场起伏大。因此要掌握信息，避免盲从。

（2）加强科技研究和推广工作。普及特种水产养殖知识，提高科技人员和渔民素质；依靠科技进步推动产业化发展，积极引进国内外先进的生物技术，加强遗传育种技术的开发，如开发单性育种技术、多倍体育种技术、选育抗病品种等。组织科研攻关，探索高产高效、便于推广的特种水产养殖模式。

（3）切实抓好品种选择和苗种配套量环节，为特种水产发展打好基础。创造或选择适宜的生态条件。不少特种品种都有对水域条件的特殊要求，要选择市场容量和价格高的品种。力求有好的苗种来源和充足的饲料，因地制宜开展特种水产养殖。

（4）大力倡导健康养殖技术。用良种在理想的生态环境下进行科学的养殖。一要采用良种生产；二要改善养殖水环境，确保生态平衡（有时采用活菌调节）；三要开展疫苗防病和采用中草药治病；四要改善养殖种类的营养水平，既提高养殖产量、成活率，又可提高养殖对象的品质和口味。

（5）研究销售，开拓市场，实施品牌战略。打品牌，闯市场，加大宣传力度，树立品牌意识。通过抓好产品质量，强化售后服务来打好品牌。同时积极引导生产与消费，开拓市场。

（6）加强科技型龙头企业与大专院校和科研院所的合作。这种企业与科研单位强强联合将成为我国特种水产养殖业新的推动力。

六、雨水集流工程

集雨节水灌溉工程指在缺水地区利用小蓄水工程（如水窖、旱井、小蓄水池等）将当地降雨收集起来，并采用先进的节水灌溉方法（喷灌、滴灌、微喷灌等）灌溉农作物而建立起来的工程。一般是指蓄水库容不大于10000m^3，灌溉面积小于33.3hm^2的微型水利工程。集雨节水灌溉工程一般由集雨系统、输水系统、净化系统、存储系统和田间节水灌溉系统等部分组成。

严格说来，几乎所有的灌溉工程都是集雨灌溉，因为灌溉用水不论是地面水还是地下水都是降雨由自然的或人工的方法集流得来的。但这种情况大多数是利用外地的降雨，经过长途汇流而形成的水体。为利用这些水体，大多要建设大型蓄水工程（水库等）和引水工程。这些大型水利工程解决了许多地方大面积的灌溉问题。但是仍有很多地方地势较高，地块分散离大水源较远，至今尚未解决灌溉问题，当地群众甚至生活用水都很困难，因此近年来，越来越重视利用小型蓄水工程来集蓄当地径流，这就是我们要讨论的集雨灌溉。这是旱作农业区解决人畜饮用水困难，发展庭院经济，进行农作物补充灌溉，促进农业稳产丰产的有效措施。

世界上有很多地方，自远古时期就开始收集雨水，并修建了蓄水池，迄今还有些被保留下来。雨水利用曾经有力地促进了世界上许多地方古代文明的发展。自20世纪80年代以来，国外雨水利用得到迅速发展，不仅少雨国家（如以色列等）发展较快，在一些多雨国家（如东南亚国家）也得到发展，利用范围也从生活用水向城市用水和农业用水发展，一些工业发达国家（如日本、澳大利亚、加拿大和美国等）都在积极开发利用雨水。

我国是一个水资源短缺的国家，人均水资源占有量排在世界第109位，仅为世界平均水平的1/4，被联合国列为世界13个贫水国之一，而农业用水占全国总用水量的70%左右。因此雨水集蓄利用技术在我国也有很久的历史。我国西北干旱半干旱地区通过长期的生产实践，创造了许多雨水集蓄利用技术，建造了如窖、大口井等多种蓄水设施。对当地农业的发展发挥了十分重要的作用。但由于生产力水平和技术条件的限制等原因，这些措施还不能从根本上解决降雨相对集中与作物需水期分散的矛盾。只能是被动抗旱，农业生产仍未摆脱“靠天吃饭”的局面。50年代以后我国修建了大量的大型水利工程，修建了不少水库和灌区，解决了大面积农田的灌溉问题，从而有一段时期忽视了雨水集蓄的工作，进入九十年代后，由于北方干旱日益严重，水资源日益紧缺、在国际雨水集流事业的推动下，国家又开始了重视雨水利用和水资源持续发展的研究，其中一些省区发展较快。

20世纪80年代以来，甘肃省水利厅就大力开展了雨水集蓄利用试验研究和示范推广工作。甘肃省委省政府于1995年做出决定，实施“121”雨水集流工程，即在干旱地区每户建立一个100m^2左右的雨水集流场，修两眼储水30～50m^3的水窖，发展667m^2（一亩）左右的庭院经济。该项工程一半窖水用于人畜饮用水，一半用于发展庭院经济。在实施的一年多里就涌现了不少脱贫致富的示范户，在1991年到1994年仅11个干旱县就建成了混凝土、水泥瓦集流面积238.54万m^2，配套新建水窖2.23万个，解决14.6万人、4.3万头大家畜和13.9万头猪、羊的饮水困难，节约了大量的拉水挑水费用，促进了庭院经济的发展。在多年建设与运行的经验基础上，甘肃省水利厅还于1997年编制与发布了甘肃省地方标准——甘肃省雨水集蓄利用工程技术标准。

内蒙古自治区1995年在干旱的准格尔旗和清水河县实施“112”集雨节水灌溉工程，即一户建一眼蓄水30～40m^3的旱井或水窖，采用坐水种或滴灌技术发展1334m^2（两亩）抗旱保收田，从实施情况看效益也是非常明显的。滴灌设备投资当年可以收回，加上集流工程的投资 2～3 年也可收回。

宁夏回族自治区水利厅 1993 年起实施“水窖集雨节水灌技术”并得到了大力的推广。

广西虽然平均降雨量在 1500mm 左右，但是在岩溶地区因季节性干旱，缺水十分严重。因此，自治区人民政府在 1997 年 11 月作出决定，在 28 个国家贫困县开展以兴建家庭水柜为主的大会战。共建成家庭水柜 9.1 万个。解决了 147 万农村人口的饮水困难。在此基础上，1999 年春开展了地头水柜集雨节水灌溉试点工程。建成地头水柜 12.6 万处，总窖积 99.1 万 m^3，新增旱地有效灌溉面积 0.197 万 hm^2，至此，全广西共建成地头水柜 18 万个，总窖积 1869 万 m^3，新增旱地节灌面积约 3.2 万 hm^2，工程投资 12.3 亿元。

陕西还实施了“甘露工程”。此外，山西、河南、河北等省也开展了雨水利用技术的研究与应用，也取得了一批成果，产生了明显的经济效益、社会效益与生态效益。根据国内经验，降雨在 250～500mm 的农业地区为雨水利用高效地带。因此，凡有效降雨在 250mm 以上的地区都可开发雨水资源。

在干旱半干旱地区每年靠水窑、水窖集蓄雨水首先解决人畜的生活用水，其余部分用以发展庭院经济或给少量耕地补水，这种灌溉既不可实行充分灌溉，也不能采用粗放的地面灌溉方法，一般都要与节水灌溉技术相结合，以最大限度地发挥灌溉水的效益。这就形成了集雨节水灌溉。与集雨相配合的节水灌溉方法主要有两大类，一是采用非充分灌溉，一般只能给作物灌关键水、救命水。二是采用非常节水的灌水技术，如：微喷灌、滴灌、渗灌等。

七、微咸水利用

随着我国人口的不断增加和国民经济的迅速发展，淡水资源匮乏，需求却日益增大，水资源危机日趋严重，解决水资源供需矛盾，将劣质水源及微咸水充分合理的利用起来，已成为各国科技人员的研究方向，并把利用微咸水开发再利用作为弥补淡水资源短缺的重要途径之一。

1. 微咸水利用现状

微咸水利用在以色列、美国、意大利、法国、奥地利等国家已有很长时间，其利用技术也日臻完善。最为典型的是以色列，其海水淡化技术已逐步步入工厂化生产阶段，可供利用的微咸水和咸水总贮量为 589.0 亿 m^3，海水淡化已达 400 万 m^3/a。经过科学合理的开发，采用先进的计算机系统，使微咸水和淡水混合为生活饮用水及农林业灌溉用水。当干旱或降水量不足时，他们在砂土和砾石土层上使用海水直接进行灌溉，该技术已在 12 种经济作物、树木和园艺作物上获得成功。美国贝兹维尔地区干旱时，利用一些被海水浸没的含盐水源灌溉草莓和蔬菜，没有导致植物死亡；加利福尼亚州至乔昆灌区采用明沟、暗管和竖井排水，将排出水与淡水混合后，对矿化度不超过 2.0g/L 的用于灌溉并获得了成功；日本用含盐浓度 7.0～20.0g/kg 的滞潮地或潮水河的水进行灌溉；印度、西班牙、西德、瑞典的一些海水灌溉实验站用矿化度 6.0～33.0g/L 的海水灌溉小麦、玉米、蔬菜、烟草等作物；突尼斯不仅用矿化度 4.5～5.5g/L 的地下水灌溉小麦、玉米等谷类作物获得成功，而且在撒哈拉沙漠排水和灌水技术条件方便的地区用矿化度 1.2～6.2g/L 的地下水灌溉玉米、小麦、棉花、蔬菜等作物，也有良好效果。

国内对微咸水的利用研究目前尚处于探索阶段，研究成果还未普遍推广应用。目前全国可利用的微咸水资源为200亿m^3/a，其中可开采量为130亿m^3，绝大部分存在于地下10～100m处，宜开采利用。我国北方可开采的微咸水（矿化度2.0～3.0g/L）资源总量约130亿m^3，其中华北地区23亿m^3，已利用了6.6亿m^3；淮河流域微咸水资源总量约125亿m^3，尚未开发利用。中国科学院西北水土保持研究所对宁南微咸水灌溉区的研究认为，用不同水质的微咸水灌溉农田，土壤盐渍化程度不同，生产中可以根据微咸水的矿化度高低来决定利用方式。轻度咸水（矿化度为2.0～3.0g/L），在地下水位较深的地区，采取增施有机肥、合理密植、减少土壤蒸发量等农业措施，可灌溉一般作物，灌水数年后冲洗1次；中度咸水区（矿化度为3.0～5.0g/L），在地下水位深、排水良好、透水性强的壤土地，种植一般耐盐作物，在作物生长期再适时灌水压盐，每年冲洗1次；重度咸水区（矿化度为5.0～8.0g/L），在地下水位深、排水好、脱盐易的砂质地，应增大灌水定额和灌水次数，引洪漫地压盐，选用耐盐极强的作物和牧草，实行草田轮作或轮歇均可达到较好的效果。

2. 微咸水利用途径

（1）农田灌溉。开发浅层地下水可以调控地下水埋深，增大降水入渗，减少潜水蒸发与径流流失，防涝防渍，淋盐防盐，并逐步淡化地下水。国内已经有利用微咸水进行农田灌溉且达到良好效果的先例。据报道，在河北平原用矿化度4.0～6.0g/L和2.0～4.0g/L的咸水灌溉小麦、玉米，比不灌的旱作小麦、玉米增产1.26倍。在季风气候条件下，集中降水或淡水灌溉，又能够排出因浇咸水而增加的土壤盐分，旱季浇灌咸水，增加了土壤水分，降低了土壤溶液浓度，有利于作物吸收水分和养分，保持根层土壤盐分不超过作物耐盐极限。

（2）人畜饮用。在淡水资源严重缺乏地区，如地处渤海湾的河北省黄骅市，淡水资源严重缺乏，浅层水资源只有咸水和微咸水，深层淡水超采严重，开采水位已达到600～800m，且水质差、含氟高。为解决农民群众的吃水困难，该市水务局与科研单位共同开发建成了微咸水淡化站。山东省沿海地（市）地下咸水资源丰富，为改善人畜饮水质量，提高人民生活水平，长岛县南隍城、小钦岛等5个乡（镇）在供水工程中以淡化水为水源，解决了人畜饮水问题，产生了较好的经济效益、社会效益和生态效益。

（3）其他用途。微咸水经过淡化、净化以后，可作为城市生活用水、工业用水、环境用水等的水源。

八、废污水利用

我国是一个水资源十分短缺的国家，按传统的方式开发北方许多城市和当地的水资源已无潜力，整个华北、西北地区都处于严重缺水的境地。如果从东南部水资源丰富的地区引水，引水距离将达到上千公里，工程不仅十分浩大，还有生态环境存在因管理不善导致破坏的隐患。与此同时，城市每年排放大量的污水，1998年仅北京市城近郊区污水总排放量就达到258.2万m^3/d。所以，利用再生水资源就成为开源的重要途径。实行废水利用、污水资源化是缓解水资源短缺与治理水污染相结合的一项综合性战略措施。

城市特别是大城市人口密集，生活用水量和废水排放量相对集中，污水处理后水质相对稳定，不受气候等自然条件影响，而且就近可用，不与邻近地区争水，易于收集，只要处理得当就可以成为可靠的城市第二水源。城市污水资源化既可以消除对水环境的污染，又能促进生态的良性循环。因此，推行污水回收利用是解决水资源紧缺的重要途径之一。世界上许多国家很早就将污水经过处理后再次利用，值得我们学习和借鉴。

污水回用之所以能不断发展而且势在必行，一方面是由于利用再生水的造价比远距离引水便宜；另一方面它是宝贵的水源、难得的肥源。

基于安全的目的，再生水灌溉的对象应先从林地、草坪、草场、花园等观赏性植物开始，这样既可以节省新鲜水，又容易被人们接受。在掌握一定规律的基础上再逐渐向粮食作物和果菜类植物发展。

有意识地利用污水灌溉的研究与应用在我国尚属起步阶段，对污水灌溉尚缺乏完善的理论与认识，目前，城市污水的再生利用已经遍布世界许多地区。河水经过处理后可回用于农业灌溉、环境景观、工业、市政杂用、饮用水供应和地下水回灌等多方面。西方发达国家已经有了许多成功的实例。美国、日本、以色列、约旦、南非等地区均已经认识到污水再生利用的重要性，并进行了长时间的研究和实践，收到了相当可观的经济效益、环境效益与社会效益。

农业灌溉用水量很大，对水质要求相对也比较低；而污水经过二级生物处理后一般仍含有较多的氮、磷、钾等营养成分，用于灌溉可以给土壤提供肥料。不过人们是否接受再生水灌溉主要是取决于它引起的环境和健康风险是否可以接受，还必须考虑再生水中存在或有可能存在的微生物致病菌在公共卫生方面可能造成的影响，以及污水对农作物生产、土壤结构及土壤中金属和其他有毒物质积累等农业方面的影响。许多发达国家（如美国、英国、瑞士等国）将污水用于农业灌溉的同时，对污水进行农灌的准则和水质标准进行了严格的控制来保证环境和人群的安全。1989年世界卫生组织讨论并推荐了《污水回用于农业的卫生标准》，对发展中国家将城市污水回用于农业起到了重要作用。

九、海水利用

海洋是生命的摇篮，海水不仅是宝贵的水资源，而且蕴藏着丰富的化学资源。加强对海水（包括苦咸水，下同）资源的开发利用，是解决沿海和西部苦咸水地区淡水危机和资源短缺问题的重要措施，是实现国民经济可持续发展战略的重要保证。

海水淡化，是指从海水中获取淡水的技术和过程。海水淡化，是开发新水源、解决沿海地区淡水资源紧缺的重要途径。

（1）海水淡化方法在20世纪30年代主要：采用多效蒸发法；20世纪50年代至20世纪80年代中期主要采用多级闪蒸法（MSF），至今利用该方法淡化水量仍占相当大的比重；20世纪50年代中期的电渗析法（ED）、20世纪70年代的反渗透法（RO）和低温多效蒸发法（LT-MED）逐步发展起来，特别是反渗透法（RO）海水淡化已成为目前发展速度最快的技术。据国际脱盐协会统计，截至2008年年底，全世界海水淡化水日产量已达3250万m^3，解决了1亿多人口的供水问题。这些海水淡化水还可用作优质锅炉补水或优质生产工艺用水，可为沿海地区提供稳定可靠的淡水。国际海水淡化的售水价格已从20世纪六七十年代的2美元以上降到目前不足0.7美元的水平，接近或低于国际上一些城市的自来水价格。随着技术进步导致的成本进一步降低，海水淡化的经济合理性将更加明显，并作为可持续开发淡水资源的手段，将引起国际社会越来越多的关注。我国反渗透海水淡化技术研究历经“七五”、“八五”、“九五”攻关，在海水淡化与反渗透膜研制方面取得了很大进展。现已建成反渗透海水淡化项目13个，日产近1万m^3。目前，我国正在实施万吨级反渗透海水淡化示范工程和海水膜组器产业化项目。蒸馏法海水淡化技术研究已有几十年的历史。天津大港电厂引进两台 3000m^3/d 多级闪蒸海水淡化装置，于 1990 年运转至今，积累了大量宝贵经验。低温多效蒸馏海水淡化技术经过“九五”科技攻关，作为“十五”国家重大科技攻关项目在青岛建立 3000m^3/d 的示范工程。

（2）海水直接利用。海水直接利用技术，是以海水直接代替淡水作为工业用水和生活用水等相关技术的总称。海水直接利用，是直接替代淡水、解决沿海地区淡水资源紧缺的重要措施。海水直接利用技术包括海水冷却、海水脱硫、海水回注采油、海水冲厕和海水冲灰、洗涤、消防、制冰、印染等。

海水直流冷却技术已有近百年的发展历史，有关防腐和防海洋生物附着技术已基本成熟。目前我国海水冷却水用量每年不超过 141 亿 m^3，而日本每年约为 3000 亿 m^3，美国每年约为 1000 亿 m^3，差距很大。

海水循环冷却技术始于 20 世纪 70 年代，在美国等国家已大规模应用，是海水冷却技术的主要发展方向之一。我国经过“八五”“九五”科技攻关，完成了百吨级工业化试验，在海水缓蚀剂、阻垢分散剂、菌藻杀生剂和海水冷却塔等关键技术上取得重大突破。“十五”期间，通过实施国家重大科技攻关项目，正在建立千吨级和万吨级海水循环冷却示范工程。

海水脱硫技术于 20 世纪 70 年代开始出现，是利用天然海水脱除烟气中 SO_2 的一种湿式烟气脱硫方法。具有投资少、脱硫效率高、利用率高、运行费用低和环境友好等优点，可广泛应用于沿海电力、化工、重工等企业，环境和经济效益显著。目前，拥有自主知识产权的海水脱硫产业化技术亟待开发。

海水冲厕技术于 20 世纪 50 年代末期始于我国香港地区，形成了一套完整的处理系统和管理体系。“九五”期间，我国对生活用海水（海水冲厕）的后处理技术进行了研究，有关示范工程已经列入“十五”国家重大科技攻关技术，正在青岛组织实施。

海水化学资源综合利用，是形成产业链、实现资源综合利用和社会可持续发展的体现海水化学资源综合利用技术，是从海水中提取各种化学元素（化学品）及其深加工技术主要包括海水制盐、苦卤化工，提取钾、镁、溴、硝、锂、铀及其深加工等，现在已逐步向海洋精细化工方向发展。我国经过“九五”“十五”“十一五”科技攻关，在天然沸石法海水和卤水中直接提取钾盐、制盐卤水，提取系列镁肥、高效低毒农药二溴磷研制、海水直接提取钾盐产业化技术、气态膜法海水卤水提取溴素、含溴精细化工产品及无机功能材料硼酸镁晶须研制等技术已取得突破性进展。

利用海水淡化、海水冷却排放的浓缩海水，开展海水化学资源综合利用，形成海水淡化、海水冷却和海水化学资源综合利用产业链，是实现资源综合利用和社会可持续发展的根本体现。

海水资源开发利用，是实现沿海地区水资源可持续利用的发展方向，展望未来，增强海水是宝贵资源的意识，制定海水资源开发利用政策、法规和发展规划，建设国家级海水资源开发利用综合示范区和产业化基地，强化海水资源开发利用装备研发和生产基础，培育具有我国自主知识产权的海水淡化、海水直接利用和海水资源综合利用技术、装备和产品体系，是推动我国海水资源开发利用朝阳产业形成、发展、成为我国沿海地区的第二水源并走向世界的重要保障。

学习情境四　现 代 水 利 工 程

【学习目标】

了解水力发电工程、城市供水工程、农业灌溉工程、河道整治及防洪工程、雨水集流工程、废污水处理工程、调水工程（南水北调工程）、海水利用工程的发展现状及方向。

【学习任务】

掌握典型水力发电工程、城市供水工程、农业灌溉工程、河道整治及防洪工程、雨水集流工程、废污水处理工程、调水工程（南水北调工程）、海水利用工程等工程。

【任务分析】

参考《水利科技形势》，掌握国际及国内的水力发电工程、城市供水工程、农业灌溉工程、河道整治及防洪工程、雨水集流工程、废污水处理工程、调水工程（南水北调工程）、海水利用工程等工程发展趋势。

【任务实施】

掌握国际及国内的水力发电工程、城市供水工程、农业灌溉工程、河道整治及防洪工程、雨水集流工程、废污水处理工程、调水工程（南水北调工程）、海水利用工程等工程发展趋势后，分组讨论学习，最后对学习的内容进行总结归纳，写出各项工程的论文。

一、水力发电工程

水力发电工程是指将河流、湖泊或海洋等水体所蕴藏的水能转变为电能的发电方式。

水能是一种可再生能源，水能或称为水力发电，是运用水的势能和动能转换成电能来发电的方式。以水力发电的工厂称为水力发电厂，简称水电厂，又称水电站。水能主要用于水力发电，其优点是成本低、可连续再生、无污染。缺点是分布受水文、气候、地貌等自然条件的限制大。水容易受到污染，也容易被地形、气候等多方面的因素所影响。

广义的水能资源包括河流水能、潮汐水能、波浪能、海流能等能量资源；狭义的水能资源指河流的水能资源，是常规能源，一次能源。狭义的水能是指河流水能。人们目前最易开发和利用的比较成熟的水能也是河流能源。

1. 水力发电原理

水力发电系（Hydroelectric Power）利用河流、湖泊等位于高处具有位能的水流至低处，将其中所含位能转换成水轮机动能，再借水轮机为原动力，推动发电机产生电能。利用水力（具有水头）推动水力机械（水轮机）转动，将水能转变为机械能，如果在水轮机上接上另一种机械（发电机）随着水轮机转动便可发出电来，这时机械能又转变为电能。水力发电在某种意义上讲是水的位能转变成机械能，再转变成电能的过程。因水力发电厂所发出的电力电压较低，要输送给距离较远的用户，就必须将电压经过变压器增高，再由空架输电线路输送到用户集中区的变电所，最后降低为适合家庭用户、工厂用电设备的电压，并由配电线输送到各个工厂及家庭。也就是说，水力发电的基本原理是利用水位落差，配合水轮发电机产生电力，也就是利用水的位能转为水轮的机械能，再以机械能推动发电机，而得到电力。

2. 水电站的种类

（1）按开发方式分类：坝式水电站、引水式水电站和混合式水电站。

（2）按径流调节的能力分类：径流式水电站和蓄水式水电站。

（3）按水源的性质分类：常规水电站，即利用天然河流、湖泊等水源发电；抽水蓄能电站，利用电网中负荷低谷时多余的电力，将低处下水库的水抽到高处上水库存蓄，待电网负荷高峰时放水发电，尾水至下水库，从而满足电网调峰等电力负荷的需要；潮汐电站，利用海潮涨落形成的潮汐能发电。

（4）按水电站利用水头的大小，可分为高水头（70m 以上）、中水头（15～70m）和低水头（低于 15m）水电站。

（5）按水电站装机容量的大小，可分为大型、中型和小型水电站。一般装机容量 5000kW 以下的为小水电站，5000～100000kW 为中型水电站，10 万 kW 或以上为大型水电站或巨型水电站。

3. 水力发电的特点

水力发电其优点是成本低、可连续再生、无污染。

（1）水力是可以再生的能源，能年复一年地循环使用。

（2）水能用的是不花钱的燃料。

（3）水能没有污染，是一种干净的能源。

（4）水电站一般都有防洪灌溉、航运、养殖、美化环境、旅游等综合经济效益。

（5）运营成本低、效率高。

（6）可按需供电。

（7）控制洪水泛滥。

（8）提供灌溉用水。

（9）改善河流航运条件。

（10）有关工程同时改善该地区的交通、电力供应和经济，特别可以发展旅游业及水产养殖。

水力发电的缺点有：水能分布受水文、气候、地貌等自然条件的限制大。水容易受到污染，也容易被地形，气候等多方面的因素所影响。

（1）生态破坏：大坝以下水流侵蚀加剧，河流的变化及对动植物的影响等。不过，这些负面影响是可预见并减小的，如水库效应。

（2）需筑坝移民等，基础建设投资大，搬迁任务重。

(3) 降水季节变化大的地区，少雨季节发电量少甚至停发电。

(4) 下游肥沃的冲积土减少。

4. 中国水力发电的概括

中国是世界上水力资源最丰富的国家，可开发量约为3.78亿kW。中国大陆第一座水电站为建于云南省螳螂川上的石龙坝水电站，始建于1910年7月，1912年发电，当时装机480kW，以后又分期改建、扩建，最终达6000kW。1949年中华人民共和国成立前，全国建成和部分建成水电站共42座，共装机36万kW，该年发电量12亿kW·h（不包括台湾地区）。1950年以后水电建设有了较大发展，以单座水电站装机25万kW以上为大型，2.5万～25万kW之间为中型，2.5万kW以下为小型，大、中、小并举，建设了一批大型骨干水电站。其中最大的为长江上的葛洲坝水利枢纽，装机271.5万kW。在一些河流上建设了一大批中型水电站，其中有一些还串联为梯级，如辽宁浑江3个梯级共45.55万kW，云南以礼河4个梯级共32.15万kW，福建古田溪4个梯级共25.9万kW等。此外在一些中小河流和溪沟上修建了一大批小型水电站。截至1987年年底，全国水电装机容量共3019万kW（不含500kW以下小水电站），小水电站总装机1110万kW（含500kW以下小水电站，见小水电）。2010年8月25日，云南省有史以来单项投资最大的工程项目——华能小湾水电站四号机组（装机70万kW）正式投产发电，成为中国水电装机突破2亿kW标志性机组，我国水力发电总装机容量由此跃居世界第一。

中国是世界上水能资源最丰富的国家之一，水能资源技术可开发装机容量为5.42亿kW，经济可开发装机容量4.02亿kW，开发潜力还很大。

长江三峡工程是跨世纪的特大型水利、水电工程，具有防洪、发电、航运、供水及发展旅游的综合效益。

三峡工程共安装单机容量68万kW的机组26台，总装机容量1768万kW，年发电量840亿kW·h，相当于6.5个已建成的葛洲坝水电站（271.5万kW），或相当于每年节省5000万t火电用煤，还可节省1600km运输线路。与相同的燃煤火电站相比，每年可少排放1亿多吨二氧化碳、200万吨二氧化硫、37万吨氮氧化物，以及大量废渣、废水。

三峡工程建成后，分别向华东和华中输送600万～800万kW电力，三峡工程对于这两个地区能源平衡将起到重要作用。这两个地区是我国经济发达地区，随着经济的高速发展，对电力要求也迅速增长，三峡工程的建成在开发长江经济带中将起巨大的推动作用。

三峡水电工程建成之后，华东电网与华中电网实行联合运行，有巨大的错峰效益。因为华东、华中两电网最大负荷出现有季节的差异，华东电网的最大负荷出现在每年的6—8月，而华中电网的最大负荷出现在11—12月。华东、华中两电网能源结构不同，华中电网水电比重大，汛期有大量季节性电能，联网后可将部分季节性电能转化为华东电网夏季季节性负荷所需的电力，提高华东电网火电机组检修备用容量。将来全国大电网形成后，可实现跨流域水电丰枯季节互补。统一电网有着巨大的经济效益和社会效益。

二、城市供水工程

1. 城镇供水现状

城镇供水发展迅速。截至2010年年底，全国城镇（设市城市、县城和建制镇）供水能力（包括公共供水和自建设施供水）总计3.87亿m^3/d，用水人口6.30亿人，管网长度103.55万km，年供水总量714亿m^3。其中，设市城市供水能力2.76亿m^3/d，用水人口3.81亿人，管网长度53.98万km，年供水量508亿m^3；县城供水能力0.47亿m^3/d，用水人口1.18亿人，管网长度15.99万km，年供水量93亿m^3；建制镇供水能力0.64亿m^3/d，用水人口1.31亿人，管网长度33.58万km，年供水量113亿m^3。与2000年相比，全国设市城市和县城新增供水能力0.68亿m^3/d，增长26.67%；新增用水人口2.30亿人，增长85.50%。

公共供水占主导地位。全国城镇公共供水能力2.90亿m^3/d，占全国城镇供水总能力的74.9%。其中，设市城市公共供水能力2.01亿m^3/d，年供水量410亿m^3，服务人口3.53亿人，分别占设市城市总供水能力、年总供水量和总服务人口的72.8%、80.7%和92.7%；县城公共供水能力0.39亿m^3/d，年供水量75亿m^3，服务人口1.09亿人，分别占县城总供水能力、年总供水量和总服务人口的80.9%、80.6%和92.4%；建制镇公共供水能力0.51亿m^3/d，占建制镇总供水能力的79.7%。自建供水设施仍然承担着部分供水服务，但服务人口仅占10%左右。

2. “十一五”城市供水工程进展情况

供水设施建设持续发展。“十一五”期间设市城市和县城公共供水能力增加0.33亿m^3/d，管网长度增加22.21万km，用水人口增加0.96亿人。城乡区域供水取得积极进展，杭嘉湖、苏锡常等城镇密集地区，通过城乡统筹、以城带乡的辐射服务，推进了城乡供水的“同网、同质、同服务”。

供水设施改造稳步推进。在中央投资的支持下，“十一五”期间重点对老城区运行超过50年和漏损严重的供水管网进行更新改造，漏损率平均下降了约3个百分点。2007年新的《生活饮用水卫生标准》（以下简称“新标准”）颁布以后，结合国家水体污染控制与治理科技重大专项（以下简称“水专项”）的实施，对我国重点流域地区和典型城市的公共供水厂进行工艺改造试点示范，积累了一批成熟技术和工程经验，印发了《城镇供水设施改造技术指南（试行）》，为全面推动水厂工艺改造奠定了基础。

供水应急体系建设全面启动。初步建立了由政府、部门和企业组成的多层次城镇供水应急预案和技术体系，印发了《城市供水系统应急净水技术指导手册（试行）》，提出了针对100余种污染物的应急净水技术，并在近40个大中城市示范应用。应急预案和技术体系在无锡太湖水污染、广东北江镉污染、广西龙江镉污染等重大水源污染事故及汶川特大地震、玉树特大地震、舟曲特大山洪泥石流等自然灾害期间的供水安全保障中发挥了重要作用。

供水行业经营管理体制改革继续深化。实行企业化经营，法人治理结构逐步完善，国有控股大型水务集团迅速发展，跨地区投资和资产重组稳步推进，形成了以公有制为基础的经营主体多元化发展格局。推行特许经营制度，引入市场竞争机制。水价改革进一步深化，初步建立了供水定价成本的监审制度，积极探索有利于节水的居民生活用水阶梯水价和非居民用水超定额加价机制。

供水水质监测和监管体系初步形成。中央和省级住房城乡建设部门建立的“国家城市供水水质监测网”和“地方城市供水水质监测网”不断发展，初步形成了由国家中心站、

42个国家站和近200个地方站组成的全国城镇供水水质监测“两级网三级站”体系。住房城乡建设部自2004年起，每年组织监测站采取跨区域交叉监测的方式开展城镇供水水质督察，并实施水质信息通报和35个重点城市水质信息月度公报。

供水行业的科技支撑力度不断加大。通过国家水专项“饮用水安全保障技术研究与示范”主题的实施，初步构建了从“源头到龙头”全流程的饮用水安全保障技术体系，开发了一批具有自主知识产权的技术、工艺、材料和设备，为全面提升我国城镇供水安全保障能力和促进产业发展提供了有力的科技支撑。供水行业积极推广新技术、新工艺和新成果的应用，使企业的供水安全保障能力、运营效率和管理水平得到进一步提升。

3. 城市供水面临的主要问题

(1) 水厂升级改造相对较慢。相对新标准实施要求，部分水厂净化设施改造和技术升级尚有一定差距，需进一步加快推进，确保供水水质安全。

(2) 供水管网和二次供水问题突出。目前全国仍有大量使用服务期限超过50年和材质落后的管网，导致管网水质合格率较出厂水降低；管道漏损严重，“爆管”现象频发，甚至引起全城停水。二次供水设施以屋顶水箱和地下水池为主，部分设施卫生防护条件差，疏于管理，二次污染风险突出，严重影响城镇供水安全。

(3) 公共供水设施发展不平衡。全国设市城市公共供水普及率为89.5%，而县城为78.8%，建制镇只有62.0%。自建供水设施普遍简陋，专业管理水平较低，缺乏有效监管，水质安全隐患突出，并且水资源利用粗放。

(4) 水质监测能力比较薄弱。目前全国仍有部分省区不具备新标准全部（106项）指标检测能力，相当数量的城市常规（42项）指标检测能力较弱，部分水厂尤其是一些小型水厂日检（10项）指标检测能力不完善，难以对供水水质实施有效监控。

(5) 供水应急能力建设滞后。我国城镇供水应急体系建设起步不久，水质应急监测能力弱，水厂设施应急能力差，应急装备和物资储备缺乏，难以达到快速响应和应急供水的要求。

4. “十二五”城市供水重点任务

(1) 供水设施改造。水厂改造：对出厂水水质不能稳定达标的水厂全面进行升级改造，总规模0.67亿m^3/d，其中：设市城市改造水厂规模0.48亿m^3/d。针对水源污染导致出厂水耗氧量和氨氮等主要指标超标的水厂，以增加预处理、深度处理工艺为主进行升级改造，规模约0.29亿m^3/d；针对现有工艺不完善导致出厂水浑浊度等指标超标的水厂，以强化和完善常规处理为主进行升级改造，规模约0.14亿m^3/d；针对现有工艺不完善导致出厂水铁、锰、氟化物、砷等指标超标的地下水厂，以增加除铁、锰、氟、砷工艺为主进行升级改造，规模约0.05亿m^3/d。

县城改造水厂规模0.13亿m^3/d。针对水源污染导致出厂水耗氧量和氨氮等主要指标超标的水厂，以增加预处理、深度处理工艺为主进行升级改造，规模约0.02亿m^3/d；针对现有工艺不完善导致出厂水浑浊度等指标超标的水厂，以强化和完善常规处理为主进行升级改造，规模约0.07亿m^3/d；针对现有工艺不完善导致出厂水铁、锰、氟化物、砷等指标超标的地下水厂，以增加除铁、锰、氟、砷工艺为主进行升级改造，规模约0.04亿m^3/d。

对重点镇的设施简陋的水厂进行改造，规模0.06亿m^3/d。管网更新改造：对使用年限超过50年和灰口铸铁管、石棉水泥管等落后管材的供水管网进行更新改造，共计9.23万km，其中：市级城市4.20万km，县城2.51万km，重点镇2.52万km。二次供水设施改造：对供水安全风险隐患突出的二次供水设施进行改造，改造规模约0.08亿m^3/d，涉及城镇居民1390万户。

（2）新建供水设施。新建水厂：新建水厂规模共计0.55亿m^3/d，其中：市级城市0.31亿m^3/d，县城0.15亿m^3/d，重点镇0.09亿m^3/d。新建管网：新建管网长度共计18.53万km，其中：设市城市6.79万km，县城5.77万km，重点镇5.97万km。

（3）水质检测与监管能力建设。水厂和企业水质检测能力建设。提高水厂的水质检测能力，满足水厂运行的水质控制和供水水质管理要求。所有城镇水厂都应建设水质化验室，并至少具备新标准要求的10项日常检测指标的检测能力；规模达到10万m^3/d以上或水源水质、运行工艺等，有特殊检测要求的水厂，可根据实际需要和条件相应提高水质检测能力；规模达到30万m^3/d及以上的水厂或供水企业，至少应具备新标准要求的42项月检指标的检测能力。

城市和区域水质检测能力建设。按照合理布局、全面覆盖和资源共享的原则，依托现有的水质检测机构，进一步完善“两级网三级站”水质监测体系。以“地方城市供水水质监测网”为基础，通过提升现有检测机构的技术装备，使每个地级市具备标准中要求的42项以上月检指标的检测能力，以满足本辖区内水质月度检测需求及地方水质督察的需求；以“国家城市供水水质监测网”为基础，通过提升现有检测机构的技术装备，使每个省、自治区具备标准要求的106项指标的检测能力，以满足本辖区内水质年度检测及国家水质督察的需求。

国家行业水质监管能力建设。加强国家城市供水水质监测网中心站的水质检测和科研能力建设，提升城镇供水行业对各地供水水质的监管能力和业务水平，推动国家饮用水水质与安全监控工程技术发展。

（4）应急能力建设。供水企业应配备必要的应急检测设备、储备应急物资，建立应急抢修队伍。水厂应配备针对本地区水源特征污染物的药剂投加、计量装置和设施等。

市县政府应增强城市供水系统的应急调度能力，完善应急供水相关设施，配备必要的应急物资。有条件的地方，可将置换的地下水作为应急备用水源。

建立国家和省级应对重特大突发性事件的应急抢险专业队伍，配备必要的应急供水装置装备。

三、农业灌溉工程

我国进入20世纪90年代，国家对农业节水灌溉较为重视，投入相对增加，各地纷纷建立了设施农业的示范点，促进了滴灌和微喷灌节水技术在我国的应用。但就农田灌溉系统在节能方面的考虑，设置既节水又节能、高效一体化的全方位、全功能的自动化系统还相应缺乏。节约能源，不可小视，从农业技术可持续发展的战略上考虑，必须在节水的同时还应考虑节能，以利于实现高效发展，便于加快自动化的进程，有利于经济性的提高，实现农业发展的自动化和电气化。

1. 现代节水农业技术研究现状

现代节水农业技术是传统的节水农业技术与生物、计算机模拟、电子信息、高分子材料等高新技术结合的产物。随着现代化规模经营农业的发展，由传统的地面灌溉技术向现代地面灌溉技术的转变是大势所趋。在采用高精度的土地平整技术基础上，采用水平畦田灌和波涌灌等先进的地面灌溉方法无疑是实现这一转变的重要标志之一。精细地面灌溉方法的应用可明显改进地面畦（沟）灌溉系统的性能，具有节水、增产的显著效益。随着计算机技术的发展，在采用地面灌溉实时反馈控制技术的基础上，利用数学模型对地面灌溉全过程进行分析，已成为研究地面灌溉性能的重要手段。应用地面灌溉控制参数反求法可有效地克服田间土壤性能的空间变异性，获得最佳的灌水控制参数，有效地提高地面灌溉技术的评价精度和制定地面灌溉实施方案的准确性。

除地面灌溉技术外，发达国家十分重视对喷、微灌技术的研究和应用。微灌技术是所有田间灌水技术中能够做到对作物进行精量灌溉的高效方法之一。美国、以色列、澳大利亚等国家特别重视微灌系统的配套性、可靠性和先进性的研究，将计算机模拟技术、自控技术、先进的制造成模工艺技术相结合开发高水力性能的微灌系列新产品、微灌系统施肥装置和过滤器。喷头是影响喷灌技术灌水质量的关键设备，世界主要发达国家一直致力于喷头的改进及研究开发，其发展趋势是向多功能、节能、低压等综合方向发展。如美国先后开发出不同摇臂形式、不向仰角及适用于不同目的的多功能喷头，具有防风、多功能利用、低压工作的显著特点。

为减少来自农田输水系统的水量损失，许多国家已实现灌溉输水系统的管网化和施工手段上的机械化。近年来，国内外将高分子材料应用在渠道防渗方面，开发出高性能、低成本的新型土壤固化剂和固化土复合材料，研究具有防渗、抗冻胀性能的复合衬砌工程结构形式。如已在德国、美国应用的新型土工复合材料 GCLS 就具有防渗性能好、抗穿刺能力强的明显特点。此外，管道输水技术因成本低、节水明显、管理方便等特点，已作为许多国家开展灌区节水改造的必要措施，开展渠道和管网相结合的高效输水技术研究和大口径复合管材的研制是渠灌区发展输水灌溉中亟待解决的关键问题。

2. 从节能角度看农业灌溉技术的发展前景

（1）现代我国对农业灌溉技术节水方面十分重视，对节能方面的探究仍然缺乏。我国是农业大国，全国农田种植面积相当可观，即使每公顷农田能节约一点能源，全国加起来数目也很可观。节能能提高效率，提高经济性，有助于实现自动化、电气化，应提倡节水、节能、高效一体化，实现农业真正意义上的自动化。

（2）节能所需设备。排灌泵：主要用于大块农田灌溉及菜田、果园、花卉和家庭生活用水，也可用于城乡建筑、工矿企业场地排水，用途十分广泛，尤其受农村和无电地区的欢迎。同时具有结构紧凑、性能优越、体积小、重量轻、价格低廉、效率高、节约能源（其节电率可达 20%～80%）、使用操作方便、工农业通用等特点。液力耦合器：是以油压来传递动力的变速传动装置，因油压大小不受等级的限制，所以它是一个无级变速的联轴器。通过改变工作油量的多少即可改变调节涡轮的转速，从而适应水泵的转速需要。可自动调节灌水量，并且这种调节方式比阀门调节方式效率高得多。可与田间测控设备（土壤水分传感器、管道流量传感器）、PLC 控制器相结合实现农田灌溉系统的节水、节能高效一体的自动化控制。也可采用高性能矢量变频器在感应式异步电动机伺服系统上运用，系统采用PLC控制、高性能变频器调速以及上位机监控技术，提高了系统的灵活性、工作可靠性，并起到节能高效的作用。

（3）系统运作展望。系统不需要人直接参与，通过预先编制好的控制程序和根据反映作物需水的某些参数可以长时间地自动启闭水泵和自动按一定的轮灌顺序进行灌溉。人的作用只是调整控制程序和检修控制设备，实现了网络化管理。随着计算机技术、电子信息技术、红外遥感技术以及其他技术的应用，使得在土壤水分动态、土壤水盐动态、水沙动态、水污染状况、作物水分状况等方面的数据监测、采集和处理手段得到长足发展，促进了农业用水管理水平的提高。

3. 节水灌溉发展措施

（1）开源节流，努力缓解水资源短缺。对水资源进行全方位管理，限制和杜绝地下水资源的盲目无序开采，在控制使用地下水的同时，采取多种形式拦截利用大气降水和过境水，特别是地下水资源匮乏的山丘区，应充分利用荒山面积大等优势，大力兴建坑塘、水窖等投资少、见效快的微集雨工程，拦蓄大气降水，发展节水灌溉，同时，通过建设房顶接水工程，解决饮水困难，发展庭院经济。

（2）合理进行水价改革，完善水价体系。合理制定水价，杜绝浪费现象。①水价改革和体制改革应同步进行；②研究出台水价改革配套政策。要构建科学的水价政策框架，尽快形成科学、合理的水价管理体系。如水利工程管理单位受益面积的核定、各类固定资产的折旧方法、经营性效益与公益性效益的分摊、人员定编以及各项经济指标的核定等，都要有统一、规范、科学、合理的规定，以增强水价政策的可操作性，避免水利工程供水成本核定中的主观性和随意性；③因地制宜地推行多种水费征收模式。水费征收方式应根据各地实际，采取不同的征收模式，可以承包经营，也可以成立农民用水者协会并由其代收水费，或者按面积配水，买断经营（具体做法是总额承包，自负盈亏，超收归己）等。

（3）推广先进的节水技术。在全面推广管道输水灌溉技术的同时，着力发展节水效果明显的喷滴、微灌溉，通过政策、经济、行政等手段强力推行现代节水技术，凡是新增加的机井工程必须配套节水灌溉设施，成为喷滴、微灌面积，因资金问题一时不能发展喷滴微灌的，也要在建设时考虑将来与喷滴灌溉对接。通过普及节水灌溉技术，不断提高水的利用率，实现可持续发展。

（4）因地制宜发展节水农业。在农业灌溉发展进程中，要不失时机地对农作物结构进行战略性调整，使现代节水灌溉技术得到广泛应用，积极发展与节水灌溉技术相适应的高效经济作物，不断提高产出投入比和单位水的产出效益，同时，还要因地制宜的发展耐旱优良作物，减少灌溉水的需求量。

四、河道整治及防洪工程

我国是世界上河流最多的国家之一，河流总长约达43万km。除松花江、辽河、海河、黄河、淮河、长江、珠江等七大江河主要干支流外，全国范围内有众多中小河流，据有关资料，我国江河流域面积在100km^2以上的河流约有5万多条，流域面积在200km^2以上的河流有5000多条，其中流域面积在1000km^2以上的约1700多条。除大江大河及其主要支流外的中小河流，包括七大江河干流及主要支流以外的三、四级支流、独流入海河流、内陆河流、跨国界河流、平原区排涝（洪）河流等。这些中小河流，沿岸分布着众多的城镇和农田。

新中国成立后，国家组织开展了大规模的防洪建设，对主要江河进行了不同程度的治理。1991年淮河、太湖洪水后，加快了淮河、太湖的治理步伐，特别是1998年长江、松花江、嫩江发生大洪水后，进一步加大了主要江河防洪建设投入，防洪能力得到了显著提高。经过50多年的建设，大江大河及其主要支流以堤防、防洪控制性枢纽和蓄滞洪区为主的防洪工程体系框架基本形成，防汛预警预报系统等非工程措施逐步得到加强，基本能防御主要江河常遇洪水。然而，我国中小河流数量众多、分布广，许多中小河流主要是20世纪50—80年代通过群众投劳进行治理，中小河流治理总体滞后，与大江大河的防洪建设相比，中小河流仍处于“大雨大灾、小雨小灾”的局面。特别是近些年来极端天气事件增多，中小流域常发生集中暴雨，形成较大洪水，造成比较严重的洪涝灾害。据统计，近些年来中小河流洪水灾害造成的损失已成为我国洪涝灾害损失的主体。我国还有许多中小河流由于水资源和水电的过度无序开发以及污染物排放量的大量增加等，在频繁发生洪涝灾害的同时，还存在着水污染加剧、河流生态环境遭到破坏、水资源短缺等一系列问题，已造成河流基本功能衰退及其健康生命受到严重威胁。当前中小河流存在的这些问题不仅直接影响这些地区全面建设小康社会和社会主义和谐社会建设的进程，并且严重影响区域经济社会的可持续发展。

2008年中央1号文件明确指出“各地要加快编制重点地区中小河流治理规划，增加建设投入，中央对中西部地区给予适当补助，引导地方搞好河道疏浚”。为贯彻落实中央1号文件精神，需要积极推进中小河流治理，加快中小河流治理规划编制工作。根据对目前中小河流的复杂情况和近期实施治理的可能分析，规划编制工作分为两步完成。近期，主要针对重点地区防洪问题突出，并已具有规划或前期工作基础较好的中小河流，编制《全国重点地区中小河流近期治理建设规划》（以下简称《近期规划》），提出今后3年左右时间治理的目标、任务和建设方案，使重点地区中小河流的防洪能力显著提高。本大纲就是指导第一阶段《近期规划》的编制工作。与此同时，广泛开展各地区中小河流调查，摸清中小河流治理现状及存在的主要问题，编制完善中小河流治理重点建设规划，以全面指导中小河流综合治理的有序开展。

1. 我国城市洪涝灾害极其频繁

我国绝大多数城市都坐落在江河湖海之滨。上海、天津、重庆、广州、深圳、大连、青岛等城市都是如此。所以，江河湖海水位的涨落，直接影响这些城市的安危，许多城市都不同程度地遭受过江河洪水的威胁。自古到今都是如此。

从防洪的角度看，我国城市主要可分为山丘防洪城市、平原防洪城市和滨海防洪城市三大类。一是主城区位于江河两岸平原的平原城市，江河洪水是主要威胁，内涝也不可忽视；二是主城区位于江河两岸山丘的山丘城市，其沿江河地势低平地区主要受江河洪水威胁，位于山洪泥石流易发地区的城市，还可能遭受山洪、泥石流的影响；三是主城区临江滨海的沿海城市，防洪安全受江河洪水和海洋风暴潮、台风的威胁，其中有的城市以江河洪水威胁为主，有的城市以风暴潮洪水威胁为主，但其共同点是既遭受江河洪水威胁，又遭受风暴潮洪水影响。

据统计，全国661个城市中，有647个有防洪任务，其中平原型城市289个，山丘型城市308个，沿海城市50个。

历史上，许多城市多次遭受江河洪水的侵袭，损失惨重。中国十大古都之一的开封多次被黄河洪水吞噬，考古发现，现在的开封城下面埋着3个不同时代的开封城，出现了城摞城的现象。在淮河流域，有一座名为泗州的历史古城，地处淮河与古汴河的交汇处，水陆交通十分发达，曾经是十分繁荣兴旺的城市。北宋时期，黄河夺淮以后，泗州城边逐渐形成了一个洪泽湖。1680年一场洪水，繁荣一时的泗州城被洪泽湖湖水淹没，泗州城从此在地图上消失了。

20世纪以来，我国部分城市也是洪水不断，灾难重重。

1915年珠江洪水，广州市区2/3被淹，西关、沙面、长堤一带淹浸7日，西区、珠江以南低洼地区水浸门楣或没顶，粤汉、广九铁路中断，船舶停航，停水、停电，城内一切设施全部瘫痪。

1931年长江洪水，长江中游沿江城市绝大部分被淹，武汉市洪水淹没时间达百日之久，78万人受灾，3万人死亡。

1932年松花江洪水，哈尔滨市沦为泽国，全市38万人中有24万人受灾。

1939年天津市被淹，全市有3/4的面积水深1～2m，80万人受灾。

新中国成立后，大江大河发生的历次大洪水，如长江1954年、1998年洪水，黄河1958年洪水，海河1963年洪水，松花江1957年、1986年洪水，珠江1994年洪水，都对沿江河的大中城市构成严重威胁，虽然通过采取牺牲局部保城市的决策避免了城市受淹，但洪水仍给城市造成较严重的经济损失。

淮河流域1954年洪水造成淮南市倒塌房屋2万余间，蚌埠郊区80%以上面积被淹，徐州市受淹居民2819户，扬州市区被淹。

1983年7月底8月初，汉江上游连续4天暴雨或大雨，发生特大洪水，安康老城全部被淹遭受毁灭性灾害，洪水位高出城墙1～2m，主要街道水深7～8m，近9万人受灾，死亡870人，城区经济损失达4亿元。

1995年7月，吉林省东部辉发河发生特大暴雨洪水，桦甸市堤防几乎全部漫溃，市内最大水深9.5m，洪水在市内滞留20余天，直接经济损失巨大。

1999年8月13日，湖南郴州市全市普降大暴雨或特大暴雨形成山洪，河水猛涨，山体滑坡，泥石流频发，造成70人死亡，郴江郴州城区河段水位急剧上涨，导致大部分市区进水受淹，最大淹没水深达8.7m。

2002年6月，四川、重庆普降大到暴雨，局部地区特大暴雨，引发中小河流山洪暴发，多条溪河水位陡涨，6月6日重庆永川市最大5小时降雨量达172mm，造成市区部分街道积水，最深处达3m。6月8日南充市最大12小时降雨量达300mm，造成大部分城区积水，部分低洼地段受淹达两天。

2005年6月，西江发生了1990年以来的大水，广西梧州受到严重威胁，梧州部分城区进水受淹。21日14时，西江水位涨至23.06m，超过警戒水位5.76m。22日6时50分，水位涨到25.54m，洪水漫入梧州中心河东区后，导致该市工厂全面停产，电力、通信、金融系统过半停止运作，郊区的部分土建房屋出现大面积坍塌。

2007年，山东济南、重庆等城市突降破历史记录的特大暴雨，造成了重大人员伤亡。武汉、乌鲁木齐等城市也发生了较为严重的洪涝灾害。

2007年7月18日17时至21时，山东济南市自北向南普降特大暴雨。这次突发性大暴雨的主要特点是历时短、强度大、降雨集中。这次暴雨过程仅维持3个多小时。全市平均面雨量82.3mm，市区平均面雨量达134mm，雨量超过100mm的有40个站点，其中市区19个。过程最大点雨量为市政府站182.7mm。最大1小时降雨量151mm，最大2小时降雨量167.5mm，最大3小时降雨量180mm，为有气象记录以来的历史最大值。

2007年7月17日，重庆市主城区沙坪坝降雨量达到266.6mm，突破了该站自1892年有气象观测记录以来的历史最大日降雨量，铜梁、北碚、南岸、璧山、合川等地降雨量也在200mm以上，长江支流璧南河发生超过100年一遇的特大洪水。受暴雨洪水影响，沙坪坝、璧山、铜梁等3个区县的城区和一些场镇进水受淹，主城区局部地区积水严重。

2010年，全国先后出现30多次较大范围的强降雨过程，据统计，全国累计降雨量较常年同期偏多近一成，局部地区偏多五成至1.5倍。全国共有437条河流发生了超警以上洪水，有111条河流发生超过历史记录的特大洪水，有7个热带气旋先后在我国沿海登陆，有269座县级以上城市受淹。

可以说，随着城市社会经济的发展，“城市热岛”现象日益普遍和加剧，加上部分城市地面硬化，汇流加速，导致城市内涝严重。特别是由于中国城市发展很迅速，城市数量、城市规模、城市人口都大幅度增加，城市在国民经济和社会发展中的地位更加突出，而城市防洪建设滞后，致使城市洪涝灾害越来越频繁，造成的损失日趋严重。

2. 我国城市防洪面临的一些新问题

之所以称之为新问题，主要是因为其中很多问题是和我国社会经济发展特别是近些年来的发展有关。

一是部分新城区防洪设施建设严重滞后。随着中国城市人口的增加和经济发展的需求，城市的发展空间不断扩大，许多城市在现有防洪设施保护范围以外或防洪标准较低的地方发展，防洪设施的建设速度赶不上城市发展的速度，出现许多新建城区未得到有效保护，成为“不设防”城区。

二是城市气候和下垫面发生了变化。随着中国城市化的进程，城市气候和下垫面条件均发生明显变化。城市上空出现热岛效应，增加了降雨强度和频率。城市土地利用方式发生了结构性的变化，如硬化道路、建造房屋、平整土地、清除树木，从而大大增加了不透水面积，减少了雨水下渗，加快了雨水沿城市表面的汇集。城市发展需要土地，往往侵占水面、洼地、河滩等，削弱了调蓄洪水的能力。这些因素的变化都使相同量级降雨形成的洪水洪峰增大，峰形变陡，地面径流增加，加大了城市遭受洪灾的风险。同时，一些地方在城市发展中，为了扩大空间的利用，往往忽视对城市内部和江河洪水调蓄与宣泄场所的保护，滥占行洪滩地，在行洪河道中修建阻水建筑物日益增多，导致河道行洪断面缩小、阻水严重，加剧了城市洪水灾害。

三是城市排涝设施相对薄弱。近年中国一些城市结合人居、生态环境改造，兴修大量的城区段堤防，防御外河洪水的能力大大提高，但往往忽视了城区排涝设施建设，不少城市排涝标准偏低，内涝问题日益突出。目前我国大多数城市排水设施老化，排水标准偏低，排水设施建设滞后，一般大中城市的排水标准为2～3年一遇，个别城市达到5年一遇标准。2004年，北京、上海、广州、武汉等城市市区均出现积水，造成局部交通瘫痪，影响居民正常生活。吉林省四平市由于局部暴雨，造成部分居民房屋被淹。2003年10月，天津遭遇秋汛大暴雨，致使市区积水两天，交通严重瘫痪。2007年8月1日，北京出现强雷雨天气，城区平均降雨量41mm，朝阳区安华桥达到171mm，和平西桥降雨量为148mm。最大1小时降雨量和平西桥为91.7mm，安华桥为80mm，降雨标准接近20年一遇，而北京大部分城区的排水标准为2年一遇，个别地区如天安门地区达到5年一遇。降雨导致部分路段积水严重，交通中断。如果这场雨不是下在2007年，而是下在2008年北京奥运会期间，其社会经济损失和国际影响可想而知。2007年7月27日晚，武汉市突发强雷暴和大风天气，城区大面积停电，部分街区交通瘫痪，造成10人死亡。

四是城市防洪管理相对薄弱。《防洪法》配套法规不健全，城市防洪规划、防洪非工程措施以及防洪应急机制等方面管理薄弱，影响了城市的防洪减灾进程。如一些建设项目侵占行洪河道，一方面影响行洪；另一方面洪水对其自身的防洪安全也构成威胁。有些城市防洪规划不符合流域防洪整体规划，设防标准随意提高，下游城市的防洪压力增大，有的城市甚至还没有制定出完整的城市防洪规划；一些城市防洪非工程措施如通信系统、水文预报系统、防洪决策支持系统、应急预案、工程管理法规等还未得到充分重视。特别值得一提的是到目前为止，中国还没有一套切合实际的城市排涝标准。

五是各级领导和社会对城市防洪安全高度关注。2007年几个城市发生洪涝灾害后，多位党中央、国务院领导作出重要批示，国家领导曾亲赴重庆视察灾情，慰问群众。另一方面，社会舆论和新闻媒体对水旱灾害信息高度关注，特别是新闻媒体与防汛抗旱工作的关系越来越密切。随着电视、广播和互联网的普及，当今社会信息传播十分迅速，新闻媒体在防汛抗旱工作中发挥的作用越来越突出。新闻媒体对汛情、旱情、灾情的快速、详细、密集报道，公众对城市防洪工作中的热点、难点、焦点问题高度关注，一方面扩大了影响，营造了良好的社会舆论氛围，获得了社会各界更多的关心和支持；另一方面也增加了工作的透明度，使之能够得到更多的监督和评价，有利于提高工作水平。

3. 我国城市防洪标准达标依然偏低

1995年水利部主编、建设部批准的《中华人民共和国国家标准防洪标准》（GB 50201—94）制定了城市防洪国家标准。

城市的等级和防洪标准

等级	重要性	非农业人口/万人	防洪标准/(重现期/年)
Ⅰ	特别重要的城市	≥150	≥200
Ⅱ	重要的城市	150～50	200～100
Ⅲ	中等城市	50～20	100～50
Ⅳ	一般城镇	≤20	50～20

按照防洪标准统计，至2005年末，全国有防洪任务的647个城市中，主城区防洪标准达到或超过100年一遇的城市有45个，占有防洪任务的城市总数的7.0%；防洪标准在50～100年一遇（含50年）的城市有157座，占有防洪任务的城市总数的24.3%；防

洪标准在20～50年一遇（含20年）的城市有233座，占有防洪任务的城市总数的36.0%；防洪标准在10～20年一遇（含10年）的城市有139座，占有防洪任务的城市总数的21.5%；低于10年一遇的城市有73座，占有防洪任务的城市总数的11.3%。

按城市达标情况统计，至2005年底，在全国有防洪任务的647个城市中，达到防洪标准的城市有287个，占总数的44.4%；其中Ⅰ等（特别重要的城市）3个，Ⅱ等（重要的城市）20个，Ⅲ等（中等城市）52个，Ⅳ等（一般城镇）212个。未达到国家规定的防洪标准的城市有360个，占总数的55.6%。其中Ⅰ等（特别重要的城市）18个，Ⅱ等（重要的城市）64个，Ⅲ等（中等城市）98个，Ⅳ等（一般城镇）180个。

4. 我国城市防洪工作开展情况

1987年以前，我国城市防洪工作全部由国家建设部门主管。1987年7月8日，水利电力部、城乡建设环境保护部、国家计委联合发出《关于城市防洪分工的通知》，确定全国与大江大河防洪密切相关的25个城市为第一批由水利部负责防洪，建设部门配合的城市。后来，在地方政府要求下，经国务院领导同意，水利部门管理的城市又补充了6个。到1998年，全国有31个城市的防洪由水利部门负责，被称为全国重点防洪城市。国家每年给全国重点防洪城市安排3000万元用于城市防洪工程建设。

1998年国务院机构改革时，全国的城市防洪工作归口水利部门。为适应新的防洪形势要求，水利部在原来31个全国重点防洪城市的基础上，增加了省会城市和沿海经济发达城市，达到现在的85个城市，为与过去有所区别，这些城市称为全国重要防洪城市。下面是这些城市的名单：

第一批水利部管理的全国重点城市（25个）：北京、天津、上海、南京、蚌埠、芜湖、淮南、安庆、南昌、九江、武汉、南宁、广州、梧州、盘锦、长春、哈尔滨、齐齐哈尔、沈阳、郑州、开封、长沙、济南、成都、荆州。

增加为水利部管理的全国重点防洪城市（6个）：合肥、吉林、黄石、岳阳、柳州、佳木斯。

增加为重要防洪城市的城市（54个）：乌鲁木齐、呼和浩特、西宁、拉萨、银川、鞍山、太原、西安、兰州、海口、昆明、杭州、石家庄、重庆、福州、贵阳、珠海、大庆、丹东、牡丹江、大连、淄博、青岛、桂林、北海、宁波、温州、苏州、常州、无锡、扬州、邯郸、厦门、深圳、汕头、景德镇、赣州、益阳、常德、宜宾、信阳、包头、徐州、绵阳、黄山、马鞍山、铜陵、阜阳、抚顺、衢州、泉州、漳州、上饶、湛江。

城市防洪工作几个主要关键点：

1989年3月，国家防总、建设部、水利部召开了全国城市防洪工作座谈会，明确提出保障城市防洪安全是关系到社会安定、经济发展的大事，城市防洪工作是全国防洪的重点。国务院于1989年6月批转了国家防总、建设部、水利部关于加强城市防洪工作的意见，对城市防洪工作进行了全面部署，强调要进一步完善落实城市防洪责任制，建立统一的防汛指挥机构和相应的办事机构，抓紧做好城市防洪排涝规划、建设和管理，城市防洪政策、法规的制定和实施，防洪资金的筹集，以及汛期的防洪抢险等工作。

1990年2月，国家防总在哈尔滨市召开全国25个城市防洪经验交流会议，总结交流城市防洪建设的经验。会议强调“城市防洪建设要有较高标准，要统一规划，多功能，综合整治。”“城市防洪建设要和城市建设相结合，要防洪、排涝、排污结合。要坚持抗御洪水和美化市容、交通道路、园林绿化、停车场地以及防汛通道等统筹规划，配套建设。要发挥堤防的多功能作用，实行多目标开发，在确保防洪安全的前提下，为市政建设，为城市人民提供一个优美的环境和活动的场所。”同年 12 月，水利部向全国 25 个重点防洪城市印发了《城市防洪规划编制大纲》(修改稿)，规范和推动城市防洪规划编制工作。

1994 年汛期，柳州、梧州和十几个县城进水，暴露出了城市防洪工作存在的一些问题，7 月 13 日国家防汛抗旱总指挥部在天津召开了全国城市防洪工作会议，分析城市防洪的严峻形势，研究部署城市防洪工作。时任代总理的朱镕基对会议做出了重要批示："越是改革开放，越要加强城市防洪工作，否则，经济建设取得的成就越大，洪水造成的损失也越严重。对城市防洪建设要真正重视。宁可少上几个基建项目，也要保证城市防洪资金投入的需要。"

5. 对防洪减灾的总体认识

洪水灾害是世界上最严重的自然灾害。据联合国 1986—1995 年自然灾害统计资料：洪水灾害发生次数占全部自然灾害发生次数的 32%，造成的经济损失和人员死亡数分别占全部自然灾害造成经济损失和人员死亡数的 31%和 55%。我国自然灾害造成的经济损失占 GDP 的比例远远大于美国和日本。我国洪水灾害发生之频繁，造成的灾害损失之严重是有目共睹的。因此，探索适合我国国情的防洪减灾对策和措施十分必要。对我国防洪减灾有以下 5 方面的认识。

(1) 防洪减灾由“控制洪水向洪水管理转变”，努力推进“人与洪水和谐相处”是历史发展的必然。在与洪水相处的历史进程中，各国人民不断摸索和探索，取得了很多宝贵的经验，处理洪水的方式随着历史的发展和社会的进步逐渐发生变化。从美国密西西比河、欧洲莱茵河和其他一些大江大河防洪减灾的历史进程看，人们对待洪水的方式和态度大致经历了 3 个不同的阶段。一是古代被动地适应洪水的阶段。在这个时期，社会生产力低下，人类改造自然的能力很低，洪水如猛兽，来了只有躲避。二是控制与防御洪水的阶段。随着社会的发展和生产力的提高，人类定居点范围逐步扩大，对土地的需求增加，人们开始向洪水通道和调蓄洪水的湖泊进军，导致江河调蓄洪水的场所越来越小。三是有意识地主动适应洪水的阶段。随着大量防洪工程的建成，洪水通道逐步缩小，人们逐渐发现：虽然防洪工程的标准提高了，但洪水灾害损失数量却仍在增长。于是开始了限制人类有害行为并主动适应洪水的新时期。我国近几年的防洪减灾对策措施与数年前相比事实上已经发生了很多变化，正在朝着“洪水管理”和“人与洪水和谐相处”的方向前进。如：在法律上已明文规定实施规划保留区制度；在长江等江河实施了大规模的退田还湖、整治河道和实施蓄滞洪区运用补偿措施；加固大江大河干堤和病险防洪工程；加强流域管理，实施流域全年水量统一调度等多个方面。

(2) 洪水管理需要在学习国外经验的基础上，探讨符合我国国情的对策措施，与西方发达国家相比，我国的防洪减灾面临着不同的环境，有很多不利因素。一是人口密度大，留给洪水的回旋余地比较少，难以像西方国家那样预留出很多调蓄洪水的湖泊和湿地。二是洪水威胁区域与经济相对发达区域基本重叠，洪水灾害威胁严重。三是我国江河洪水的变化幅度非常大，防御同样标准的洪水需要修建比西方国家更多、更大的防洪工程。四是我国河流的含沙量高，防洪减灾需要处理更多、更棘手的问题。五是长期以来固有的防洪工程水利观念的管理模式，要转变历史上形成的传统习惯和措施非常困难。为此，我国的防洪减灾对策必须立足于我国的国情，不能照搬照套国外的经验和做法，否则很难取得满意的效果。

(3) 洪水管理应以流域为单位，开展流域综合管理。江河洪水具有与其他资源不同的属性，它以流域为区域，形成相对独立的集合。流域内的水体紧密联系和不可分割，流域间的水体相对独立。这一特点决定了洪水管理必须以流域为单元实施统一管理，否则将导致各种各样的水事矛盾，甚至会产生社会不稳定因素。江河洪水是重要的淡水资源，洪水管理一定要统筹考虑流域的经济因素、社会因素，全面安排洪涝灾害、干旱缺水和生态环境的改善。洪水管理是对一个流域范围内各种各样与洪水灾害相关的因素的综合管理，是全年的整体活动，绝不仅仅是汛期的短期行为。欧洲的莱茵河穿越数个国家，有关国家专门成立了莱茵河流域管理委员会，建立了流域统一管理的协商与监督机制，该机构是在总结多年实践经验之后建立的，事实证明该机构在洪水管理方面发挥了积极、有效的作用。

(4) 洪水管理要特别注重"非工程防洪减灾措施"。世界各地采用的防洪减灾工程措施大体相同，但采用的"非工程防洪减灾措施"差别较大。为减少洪水灾害的总体损失，处理好人与人之间的关系和规范人的行为至关重要，而且对于实现人与自然的和谐相处具有非常重要的意义。在人类防洪减灾的历史进程中，挤占洪水出路以求得一时的经济发展是屡见不鲜的，无节制的行为已经导致了严重的后果。减少总体灾害损失要在科学地完善防洪工程体系的基础上，依靠社会的自我约束机制来实现。洪水管理不仅是采取措施约束洪水，更重要的是约束人类的奢望，限制人类的有害行为。人与自然和谐的核心问题是处理好人与人之间的关系。要从可持续发展的角度出发建立和完善管理制度，健全法律法规体系，规范人的行为，增强公众的参与意识，在恰当的范围内回避洪水、适应洪水，给洪水以出路。

(5) 洪水管理要特别注重"公众参与"的措施。洪水管理无疑要强调统一管理，但统一管理决不排斥公众的参与，相反，在整个管理过程中应该积极鼓励公众的广泛参与。各级政府、有关部门、单位、抢险部队、科研院所、非政府机构、感兴趣的人员等都属于"公众"范畴，都应参与到洪水管理过程中来，西方发达国家的经验证明："公众参与"做得比较好，规划措施的贯彻落实就顺利，反之则困难。西方的"公众参与"不仅是在规划的实施过程中，而应是在规划编制、方案制定、措施落实、管理与监督等整个过程的广泛参与，不是我国通常讲的广泛征求意见，而是实质上的参与讨论、论证、实施和监督。

五、雨水集流工程

1. 雨水集流发展背景

我国西北黄土高原丘陵沟壑区、华北干旱缺水山丘区、西南旱山区，主要涉及 13 个省（市、自治区），742 个县（市），面积约 200 万 km^2，人口 2.6 亿。水资源贫乏，区域性、季节性干旱缺水问题严重又不具备修建骨干水利工程的条件，是这些地区的共同特征。

北方黄土高原丘陵沟壑区与干旱缺水山区多年平均降雨量仅为 250～600mm，且 60% 以上集中在 7—9 月，与作物需水期严重错位。根据试验资料，该地区的主要作物在 4—6

月的需水量占全年需水量的40%～60%，而同期降雨量却只有全年降雨量的25%～30%。由于特殊的气候、地质和土壤条件，区域内地表和地下水资源都十分缺乏，人均水资源量只有200～500m^3，是全国人均水资源量最低的地区。“三年两头旱，十种九不收”是当地干旱缺水状况的真实写照。

西南干旱山区尽管年降雨达800～1200mm，但85%的降雨集中在夏、秋两季，季节性的干旱缺水问题也十分突出。这些地区大部分属喀斯特地貌，土层贫瘠，保水性能极差，雨季降雨大多白白流走；许多地方河谷深切、地下水埋藏深，水资源开发难度大；加之耕地和农民居住分散，不具备修建骨干水利工程的条件，干旱缺水是当地农业和区域经济发展的主要制约因素。

由于缺水，上述地区3.9亿亩耕地中，70%是“望天田”，粮食平均亩产小麦只有100kg左右，玉米只有150kg左右，遇到大旱年份，农作物还要大幅度减产甚至绝收，农业生产水平低下，种植结构与产业结构单一，农村经济发展十分落后。区域内有国家级贫困县353个，约占县（市）总数的一半，贫困人口2350万，有3420万人饮水困难，是全国有名的“老、少、边、穷”地区和扶贫攻坚的重点地区。为了生存，当地群众普遍沿用广种薄收的传统耕作方式，陡坡开荒，盲目扩大种植面积，陷入“越穷越垦，越垦越穷”的恶性循环，区域内25%以上的坡耕地面积有4650多万亩，有50%以上的面积属水土流失面积，生态环境恶劣。

改变这一地区的贫困落后面貌，关键是要解决好水的问题。实践证明，大力发展小、微型雨水集蓄工程，集蓄天然雨水，发展节水灌溉是这些地区农业和区域经济发展的唯一出路，而且这项措施投资少，见效快，便于管理，适合当前上述区域农村经济的发展水平，应该大力推广，全面普及。

2. 雨水集流发展现状与成效

（1）发展历程。长期以来，上述地区的群众就有集蓄雨水，解决人畜饮水困难的做法。从20世纪80年代末期开始，随着节水灌溉理论、技术、设备的广泛推广应用，群众将传统的雨水集蓄工程和节水灌溉措施结合起来，实施雨水集流，发展农业生产，从试点示范到规模发展，大致经历了以下3个阶段：

1）试验研究阶段。通过对相关技术的试验研究，论证了雨水集流工程的可行性和可持续性，提出了雨水集流的理论与方法，为雨水集流工作的开展奠定了理论和技术基础。

2）试点示范阶段。甘肃、宁夏、陕西、山西、内蒙古、河南、四川等省区在试验研究的基础上，进一步开展试点示范工作，使雨水集流从单项技术发展为农业综合集成技术；从单一的利用模式走向高效综合利用；从理论探讨、技术攻关走向实用阶段，找出了一条干旱山区农业和社会经济发展的新路子。

3）推广应用阶段。1997和1998两年，有关部门联合组织的雨水集流试点工作带动了西北、西南、华北地区雨水集流工作的迅速发展，各级政府和广大群众对雨水集流的认识进一步提高，工程建设开始从零散型向集中连片型发展，“人均半亩到一亩基本农田”、“一园一窖”成为广大群众奋斗的目标。

据不完全统计，到1999年底，西北、西南、华北13个省（自治区）共修建各类水窖、水池等小、微型蓄水工程464万个，总蓄水容量13.5亿m^3；发展灌溉面积2260多万亩，其中节水灌溉工程面积645万亩；解决了约2380多万人、1730多万头牲畜的饮水困难和近1740万人的温饱问题。

雨水集流的工程模式与技术方法也呈现灵活多样的特点。集流面形式有自然坡面、路面、人工集雨场（碾压场、薄膜、混凝土等），其中西南地区主要依靠天然集流，北方地区采用人工集流场或天然集流场与人工拦截措施相结合；蓄水工程形式北方地区以窑、窖、旱井为主，南方地区以水池、水窖、塘坝为主；节水灌溉的方法有座水种、点浇、管道输水灌溉、滴灌、渗灌、喷灌及精细地面灌等。普遍采用了地膜覆盖及其他综合农业技术措施，有些地区还开始发展设施种植和养殖业。

总结各地雨水集流的发展情况，主要有以下几方面的经验和做法：一是领导重视。很多地方都成立了由主要领导挂帅的专门组织机构，负责项目组织实施，保证工作的正常开展。二是政策扶持。如改革体制，明晰产权，实行“谁建、谁有、谁管、谁用”，多干多补、少干少补、先贷后补、先干后补的政策。三是多方筹资。将扶贫和农业综合开发、水利、水土保持等多项资金统筹安排，向雨水集流工程倾斜；向农民提供“小额信贷”；鼓励私营企业主或个人通过投资兴建雨水集流工程进行土地开发等。四是严格管理。许多省（区）都制定了相应的规范、规程和管理办法，对雨水集流工程的发展起到了良好的保障作用。

（2）取得的成效。解决了干旱缺水山区的基本生存问题。集雨工程的建设有效地解决了缺水地区分散农户的人畜饮水问题和贫困农户的温饱问题，以一方水土，养活了一方人。甘肃省通过“121”雨水集流工程，在不到两年的时间里，解决了130万人、118万头牲畜的饮水困难。

广西河池地区过去只能种一茬玉米，亩产150kg，温饱难以解决。现在有了水柜灌溉，可以种一茬玉米，一茬中（晚）稻，产量可达700～800kg，实现了温饱有余。

为农村产业结构调整、农民增收和山区经济发展创造了有利条件。雨水集流工程的实施，使当地农业种植结构从传统、单一的粮食种植向粮、果、菜、花等综合发展；农村产业结构从单一的种植业，向农、林、牧、副、渔业全面发展。西南地区的“池中养鱼，池边养鸭，池水灌溉，一水多用”；西北、华北地区的“要想富，塬边地头修水库”等模式，成为农民增收和致富的主要途径。云南大理州南涧县山区面积占99.3%，从1992年开始到1997年，共建水窖28816个，1997年粮食播种面积减少了40%，粮食总产反比1993年增加33.6%，腾出耕地发展烤烟，来自烤烟的人均毛收入800多元，1997年的财政收入是1993年的4.5倍，贫困人口大幅度下降，经济实力大大增强。

促进了社会稳定、民族团结和农村精神文明建设。雨水集流工作的开展，密切了党群、干群关系，减少了用水纠纷，稳定了社会秩序，广大群众称之为“爱民工程”、“富民工程”。内蒙古凉城县六棋窑村，原有42户人家，因缺水外迁，仅剩下8户。修建集雨工程后，由于生活条件得到改善，已有农户开始回迁。雨水集流发展区内，聚居着40多个少数民族，人口总数达4200万，约占全国少数民族人口总数的40%。雨水集流工程的建设促进了少数民族地区的经济发展，增进了民族团结。此外，通过房前、屋后集雨工程的建设，农村卫生状况得到很大改善，有力地促进了农村精神文明建设。

对保持水土和改善生态环境发挥了重要的作用。雨水集流使农作物单产有了较大提高，传统的广种薄收开始让位于精耕细作，部分地区出现了退耕还林、还草的现象。过去荒山、荒坡没人管，绿化不好搞。现在有了水，群众争着承包荒山荒坡，栽种优质水果，不仅收入可观，还有效地促进了水保、绿化工作的开展。这对于减少水土流失、建设生态农业和保护环境，都具有十分重要的意义。

有利于加快西部地区发展。雨水集流工程的实施，带动了西部山区农村产业结构的调整以及农村经济的发展，这对于加快西部地区的发展步伐，实现我国跨世纪的宏伟目标具有重要的现实意义。

3. 存在的问题

尽管雨水集流技术得到了一定的发展，但仍然存在着许多问题需要进一步解决，概括起来这些问题包括以下几个方面：

(1) 认识问题。一些地区的干部和群众对雨水集流认识不全面，或认为雨水集流可以代替一切，无所不能；或认为雨水集流小打小闹，成不了大气候，不值得花大力气。客观地看，雨水集流是在特殊季节、特定自然环境条件下，发挥特殊作用的小、微型水利工程，是对大中型水利工程的有效补充。在地面水和地下水都十分缺乏、骨干水利工程覆盖不到的地区，这些“小微水”可以发挥大作用。

(2) 投入不足。发展雨水集流的地区多为贫困山区，地方财力与群众自筹能力均十分有限。近几年的雨水集流工作取得了良好的效果，各级政府和广大群众对发展雨水集流的愿望十分强烈。按照贫困地区“人均半亩到一亩基本农田”的远景目标，还需要发展雨水集流面积4600多万亩，需求很大。但由于资金限制，目前每年能发展的雨水集流面积不足300万亩，投入不足，是制约雨水集流发展速度的主要原因。

(3) 技术与管理问题。由于技术指导和服务力度不够，部分雨水集流工程的规划布局不尽合理，影响了工程效益的充分发挥。另外雨水集流工程的规划、设计、建设与管理还缺乏统一的标准、规范。

雨水集流工程的配套措施也有待进一步提高。有些地区只注重蓄水工程建设，忽略了雨水汇集措施和沉沙过滤设施的配套建设。有的地区田间节水综合措施不完善，没有充分引导农民将集雨与节水灌溉、节水增产农艺措施及种植业和养殖业的发展结合起来。有些地区重建设，轻管理，不利于充分发挥有限水资源的利用效率。集雨工程虽然为缺水地区解决生存和区域经济发展创造了重要的基础条件，但它仅仅是脱贫致富奔小康这一系统工程中的重要一环，它必须与当地农、林、牧、副、渔业的可持续发展、农民的增产和增收措施相结合，才能显示出其强大的生命力。

4. 对策措施

(1) 因地制宜，科学规划。搞好雨水集流工作一个非常重要的方面就是要因地制宜，根据各地降雨、土壤、地形和经济发展水平，科学地制定工程发展规划，合理布局，因地制宜地选择适合当地情况的工程模式与节水灌溉方法，防止出现“行政命令”，“一哄而上”，“一刀切”的现象，确保工程质量和效益。为此，编制了各地雨水集流工程发展规划和全国汇总规划。在规划具体实施过程中，还应对工程建设实施严格的项目管理，组织有关专家，对具体项目的规划设计和技术方案进行严格的技术审查，确保前期工作的质量。

(2) 广泛筹资，加大投入力度。实现所提出的规划目标，任务艰巨，需要大量的资金投入。为此，各地应坚持地方和群众自筹为主，国家补助为辅的指导方针。总的来讲，国家的投入是政策性的，主要起引导和鼓励的作用。各地应充分调动群众投资、投劳的积极性，鼓励个人、私营企业和社会各界投资兴建雨水集流工程。

发展雨水集流的地区多为贫困山区，地方财力与群众自筹能力均十分有限，国家应加大投入力度，安排专项资金扶持这类地区大力开展雨水集流工程建设；同时，国家现行的扶贫、农业综合开发等各项资金也应向这方面倾斜；根据近几年各地经验，国家可以每年安排一批“小额贷款”，鼓励群众自力更生开展雨水集流工程建设。

(3) 加强技术指导，提高科技含量。为保证雨水集流工作的健康发展，需做好如下几方面的工作：

制定全国的雨水集流技术规范，加强人员的培训与技术交流，指导各地雨水集流的规范化、科学化发展。

通过宣传教育，典型示范，制定相关政策，加大推广力度，引导农民将雨水集蓄工程与节水灌溉技术、先进的农艺措施相结合，提高水分的利用效率。

加强新材料的研制及推广应用，降低建设成本，延长工程寿命。

进一步加强雨水集流的科学研究，提供必要的经费支持。

(4) 严格管理，确保工程质量与效益。在资金管理上，结合各地的实际情况，制定相应的“雨水集流工程资金使用管理办法”，积极完善和推行以奖代补、以物代补等形式，保证专款专用，提高资金的使用效率。

在工程建设与管理上，各级主管部门应加强技术监督与指导，搞好工程项目管理，实行技术经济责任制和项目责任制，统一组织验收，确保工程质量。对已建工程，加强运行管理，搞好水质的保护。

(5) 深化改革，建立良性运行机制。雨水集流工程属小、微型水利工程，基本以农户为单位，各地应按照社会主义市场经济体制的要求，深化改革，建立起产权明晰、权责分明的管理体制和良性运行机制。工程验收后，地方政府要采取措施，尽快确权到户，并核发产权证，充分调动广大群众的积极性，形成群众自主利用、自行维护管理的良好局面。

(6) 加强领导，形成合力。雨水集流区各级政府应将雨水集流纳入区域经济可持续发展的系统工程，作为本地区的一项基本建设工作来抓，加强领导，充分调动各有关部门的积极性，明确分工，协调配合，落实各种形式的管理责任制和目标责任制。有关部门应加强雨水集流工程建设的组织与管理，从资金、技术各方面保证项目的顺利实施，使工程发挥最大效益。

六、废污水处理工程

世界上任何国家的经济发展，都伴随着人民生活水平的改善和城市化进程的不断加快，但是相应的淡水资源的需求和消耗也在不断增多。水，作为一种必不可少的资源，长期以来一直被认为是取之不尽、用之不竭的。在这种观点的驱使下，水环境的质量越来越恶劣、水资源短缺也越来越严重，这一切都加重了城市的负荷，带来一系列危及城市生存与发展的生态环境问题。

1. 我国水资源和水环境现状

根据水利部门的预测，到 2030 年我国人口增至 16 亿时，人均水资源将降低到

1760m^3，总缺水量将达到400亿～500亿m^3，已经达到了世界公认的缺水警戒线。从地区分布情况来看，水资源总量的81%集中分布于长江及其以南地区，其中40%以上又集中于西南五省区，就人均占有淡水资源而言，南方最高地区和北方最低地区相差数十倍，西部比东部甚至高出五、六百倍；这些地区水资源短缺的现状将在一个相当长的时间成为难以解决的问题。

随着人类社会的不断发展，城市规模的不断扩大，城市的用水量和排水量都在不断增加，加剧了用水的紧张和水质的污染，环境问题日益突出，由此造成的水危机已经成为社会经济发展的重要制约因素。

改革开放以来，我国城市化也进入快速发展时期，城市数量由1978年的193个增加到2001年的664个，城镇人口由17245万人增加到48064万人。20世纪90年代后，我国城市化速度进一步加快，目前城市化水平达到37%左右。城市数量与规模的迅速增加与扩张，带来了严重的城市生活污水和垃圾污染问题。近10年来，我国城市生活污水排放量每年以5%的速度递增，在1999年首次超过工业污水排放量，2001年城市生活污水排放量221亿t，占全国污水排放总量的53.2%。与此同时，我国城市生活污水处理设施严重滞后和不足。

据统计：目前全国年排污量约为350亿m^3，但城市污水集中处理率仅为15%，全国超过80%的城市污水未经任何有效的收集处理就直接排放到附近的水体，使得原本具有泄洪和美化景观作用的河渠变成了天然污水渠。特别是在全国2200座县城与19200个建制镇中，污水排放量约占污水排放总量的一半以上，但这些中小城市（镇）的污水处理能力都明显低于全国平均水平。

照此发展下去，城市的水环境将每况愈下。并进一步地加剧了水资源的短缺。即使在我国水资源比较丰富的南方地区，由于水体污染，水质型缺水也处于相当严峻的地步。而且随着现代工业的发展及人口城市化的加速，城镇污水量将愈来愈大，水环境污染也会日益加重。

2. 我国城市污水处理现状及面临的问题

我国污水处理事业的历史始于1921年，到改革开放的近20年来取得了迅速的发展，但仍然滞后于城市发展的需要。据统计，到2000年年底，全国已建设城市污水处理厂427座，其中二级处理厂282座。这些污水处理厂的建设，极大地提高了城市污水的处理水平，但处理量的增加仍远远滞后于污水排放量的增长，两者之间的差距还有进一步拉大的趋势。即便按1998年资料，我国城市污水的处理率也仅为15.8%，西方发达国家如美国早在1980年就已达到了70%。

我国的污水处理事业的实际情况是污水处理率低，很多老城区的排水管网甚至不成系统。城市污水处理能力增长缓慢和污水处理率低是造成我国水环境污染的主要原因，由此导致了水环境的持续恶化，并严重地制约了我国经济与社会的发展。我国城市污水处理能力增长缓慢的主要原因可以归结为以下四个方面：

（1）污水处理技术落后。城市污水处理技术是城市污水处理设施能否高效运转的关键；长期以来，我国的污水处理技术都是沿袭了欧美国家近百年来的路线和处理技术，在吸收、消化国外技术的同时也形成了自己的技术，城市污水处理技术有了很大的发展，但是我国现阶段采用的污水处理技术与同期国外的技术水平相比依然还很落后，始终存在效率低、能耗高、维修率高、自动化程度低等缺点，从而影响它们在污水处理厂投标中的竞争力。

（2）资金短缺，投资力度不够。城市污水处理系统是城市的重要基础设施之一，也是防止水污染、改善城市水环境质量的重要手段，为发展我国的城市污水处理，使水环境污染得到有效的控制。资金是根本问题。

我国经济水平相对于发达国家还比较落后，用于水污染治理的资金还很紧缺，不可能完全照搬国外的技术和模式，依靠大规模建设城市污水处理厂来改善水环境在现阶段实现的可能性不大。

即使修建了城市污水处理厂，其高昂的运行维护管理费用也是城市污水处理率低，水体污染严重的主要原因之一。据清华大学紫光顾问公司调查：我国污水处理设备运行状况是1/3运行正常、1/3不正常、1/3处于闲置状态，污水处理厂的实际运转率只能达到50%，我国污水的实际处理率远远低于污水处理设施的处理能力。

统计资料表明：2010年要增加6722万t的污水处理，约需1344亿元的环保资金投入。按目前日处理能力2685万t，每立方米的运行费用0.5元计算，需运行费用49亿元/年，到2010年则需171.7亿元，资金不足十分突出。

虽然近几年国家对污水处理投资有所增加，但与国外相比还差距甚远，远远不能满足需要。据有关资料统计：发达国家包括美国、德国、日本、法国、英国等国家用于排水设施与污水处理方面的投资约占国民经济总产值的0.53%～0.88%。而我国在20世纪90年代用于排水设施与污水处理方面的投资仅占国民经济总产值的0.02%～0.03%。所以我国应通过宏观调控调整投资结构，加大对城市排水和城市污水处理设施的投入。

（3）管理水平低。传统的处理技术较复杂，我国目前操作人员的技术素质及管理水平不能适应，这样就造成了即使已建成的污水处理厂也不能正常运行，严重制约了已建城市污水处理厂的正常运行。

（4）污水处理技术的发展趋势是简易、高效率、低能耗。我国是一个发展中国家，人口众多、生产力落后、经济基础薄弱是我国的实际国情，面对人民群众急需解决的生存压力，各级政府部门不得不把发展经济作为其首要任务。目前，我国很多大城市已经开始着手进行污水处理厂建设的规划和建设计划工作，但在广大中小城市（镇）还没有将污水处理建设纳入城市发展的议题，其主要原因之一就是没有专门的建设资金。

随着我国城市化进程的加快，中小城市（镇）的发展十分迅速，全国19200多个建制镇绝大多数都没有污水处理设施。目前，中小城市（镇）的污水排放量约占全国污水排放总量的一半以上，随着未来50年小城镇建设的快速发展，生活污水和工业废水的排放量将会数倍、甚至十几倍的增加，势必加剧水环境的恶化。中小城市（镇）和大城市在水系上是相通的，而且往往处于大城市的上游，中小城镇的污水治理工作做不好，大城市污水处理率即使达到一个很高的水平，水环境的质量也不会有明显改善。因此，要改善我国水环境被污染和继续恶化的状况，保护我国紧缺的水资源，除了要刻不容缓地对大城市的城市污水进行处理外，中小城市（镇）污水也应该引起足够的重视。

由于这些中小城市（镇）和大城市经济发展水平、排水体制、基础资料、融资渠道等有很大的不同，因此不可能也不应该把大城市的污水治理工艺、技术装备等搬用到中小城市（镇）的污水处理厂中去。

就目前的发展状况来看，在中小城市污水处理方面，尚缺乏适合我国实际国情的污水处理技术和设备，缺乏资金和管理经验。因此，探索和发展适合我国国情的中小城市（镇）污水处理工艺，掌握一批在中小城市（镇）具有代表性的污染源的治理技术和城市污水处理技术，就势在必行。

由于我国是发展中国家，财力有限，用于基础设施上的资金在大城市和中小城镇之间的分配严重不平衡，如近期国家、省、市把投资的重点放在支持城市污水处理厂的建设上，对县及以下建制镇污水处理设施建设的扶持较少。另一个中小城镇有别于大城市的特点是从业人员的技术水平和管理水平较低，这在一定程度上对污水处理厂运行操作的难易程度提出了要求。污水处理是能源密集型的综合技术，污水处理的能耗与所处理的污水量、水质、采用的工艺方法、运行方式、处理程度及操作管理有关。

针对目前的实际情况，国家“十二五”全国城镇污水处理及再生利用设施建设规划提出，到2015年中国全国设市城市的污水处理率将达到85%，较2010年末的77.5%增加7.5个百分点；对应的新增污水处理能力约为4569万m^3/d，届时全国污水处理能力将达到20805万m^3/d。因此，未来一段时间内我国污水处理事业将是大城市和广大中小城市（镇）并举。

以上这些因素就决定了应用于中小城市（镇）的污水处理技术首先必须经济、高效、节省能耗和简便易行。因此，研究和开发对传统工艺的改造和替代的新工艺，发展具有独立自主知识产权的、处理效果好且高效率低能耗的污水处理技术，是我国当前污水治理领域的一项主要任务。结合我国的实际情况，确定走简易、高效率、低能耗的技术路线适合我国的国情。

目前在高效率低能耗污水处理技术方面的研究已取得了不少进展，也开发出了一些经济实用的污水处理技术。下面所列的技术一般认为是可行且适合我国国情的高效低能耗中小城镇污水处理工艺：①强化的一级处理技术；②城市污水生态工程处理技术；③高负荷的城市污水生物化学处理技术；④厌氧及不完全厌氧处理技术；⑤高负荷生物曝气滤池、生物附着生长技术处理城市污水处理工艺；⑥现有城市污水处理的革新工艺。

高效低能耗是针对传统污水处理方法的工艺流程存在的问题而提出来得，至今尚无明确严格的定义，但总体上高效率、低能耗应具有以下特点，应能满足以下条件：①总投资省。我国是一个发展中国家，经济发展所需资金非常庞大，因此严格控制总投资对国民经济大有益处。②运行费用低。运行费用是污水处理厂能否正常运行的重要因素，是评判一套工艺优劣的主要指标之一。③处理工艺应具有较强的适应冲击负荷的能力，因为中小城镇污水水量水质昼夜、季节波动较大。④要求管理简单、运行稳定、维修方便。这对于中小城镇尤为重要，因为中小城镇往往技术力量比较薄弱。⑤污水处理设施要占地省。我国人口众多，人均土地资源极其紧缺。土地资源是我国许多城市发展和规划的一个重要因素。⑥所选择的处理工艺具有可以方便地改变其处理流程的能力。这主要是为了满足数量众多的中小城镇的各种不同需求。如：有的中小城镇地处封闭水体，污水需要除磷脱氮；而有些中小城镇附近有大江、大河，只需要处理BOD即可。

七、调水工程（南水北调工程）

从20世纪50年代提出“南水北调”的设想后，经过几十年研究，南水北调的总体布局确定为：分别从长江上、中、下游调水，以适应西北、华北各地的发展需要，即南水北调西线工程、南水北调中线工程和南水北调东线工程。

近期从长江支流汉江上的丹江口水库引水，沿伏牛山和太行山山前平原开渠输水，终点北京。远景考虑从长江三峡水库或以下长江干流引水增加北调水量。中线工程具有水质好，覆盖面大，自流输水等优点，是解决华北水资源危机的一项重大基础设施。

中线工程的前期研究工作始于20世纪50年代初，40多年来，长江水利委员会与有关省市、部门进行了大量的勘测、规划、设计和科研工作。

1994年1月水利部审查通过了长江水利委员会编制的《南水北调中线工程可行性研究报告》，并上报国家计委建议兴建此工程。中线工程可调水量按丹江口水库后期规模完建，正常蓄水位170m条件下，考虑2020年发展水平在汉江中下游适当做些补偿工程，保证调出区工农业发展、航运及环境用水后，多年平均可调出水量141.4亿m^3，一般枯水年（保证率75%），可调出水量约110亿m^3。

供水范围主要是唐白河平原和黄淮海平原的西中部，供水区总面积约15.5万km^2。因引汉水量有限，不能满足规划供水区内的需水要求，只能以供京、津、冀、豫、鄂5省市的城市生活和工业用水为主，兼顾部分地区农业及其他用水。

南水北调中线主体工程由水源区工程和输水工程两大部分组成。水源区工程为丹江口水利枢纽后期续建和汉江中下游补偿工程；输水工程即引汉总干渠和天津干渠。

1. 水源区工程

（1）丹江口水利枢纽续建工程。丹江口水库控制汉江60%的流域面积，多年平均天然径流量408.5亿m^3，考虑上游发展，预测2020年入库水量为385.4亿m^3。

丹江口水利枢纽在已建成初期规模的基础上，按原规划续建完成，坝顶高程从现在的162m，加高至176.6m，设计蓄水位由157m提高到170m，总库容达290.5亿m^3，比初期增加库容116亿m^3，增加有效调节库容88亿m^3，增加防洪库容33亿m^3。

丹江口水库后期规模正常蓄水位170m时，将增加淹没处理面积370km^2，据1992年调查，主要淹没实物指标为：人口：22.4万人，房屋：479.4万m^2，耕地：23.5万亩，工矿企业：120个（合乡镇企业），淹没固定资产原值1.2亿元。

（2）汉江中下游补偿工程。为免除近期调水对汉江中下游的工农业及航运等用水可能产生的不利影响，需兴建：干流渠化工程兴隆或碾盘山枢纽，东荆河引江补水工程，改建或扩建部分闸站和增建部分航道整治工程。

2. 输水工程

（1）总干渠。黄河以南总干渠线路受已建渠首位置、江淮分水岭的方城垭口和穿过黄河的范围限制，走向明确。黄河以北曾比较利用现有河道输水和新开渠道两类方案，从保证水质和全线自流两方面考虑选择新开渠道的高线方案。

总干渠自南阳市淅川县陶岔渠首引水，沿已建成的8km渠道延伸，在伏牛山南麓山前岗垅与平原相间的地带，向东北行进，经南阳过白河后跨江淮分水岭方城垭口入淮河流域。

经宝丰、禹州、新郑西，在郑州西北孤柏嘴处穿越黄河。然后沿太行山东麓山前平原，京广铁路西侧北上，至唐县进入低山丘陵区，过北拒马河进入北京境，过永定河后进入北京区，终点是玉渊潭，总干渠全长1241.2km。

天津干渠自河北徐水县西黑山村北总干渠上分水向东至天津西河闸，全长142km。总干渠渠首设计水位147.2m，终点49.5m，全线自流，渠道全线按不同土质，分别采用混凝土，水泥土，喷浆抹面等方式全断面衬砌，防渗减糙。

渠道设计水深随设计流量由南向北递减，由渠首的9.5m到北京的3.5m，底宽5.6～7m。总干渠的工程地质条件和主要地质问题已基本清楚。对所经膨胀土和黄土类渠段的渠坡稳定问题、饱和砂土段的震动液化问题和高地震烈度段的抗震问题、通过煤矿区的压煤及采空区塌陷问题等在设计中采取相应工程措施解决。

总干渠沟通长江、淮河、黄河、海河四大流域，需穿过黄河干流及其他集流面积$10km^2$以上河流219条，跨越铁路44处，需建跨总干渠的公路桥571座，此外还有节制闸、分水闸、退水建筑物和隧洞、暗渠等，总干渠上各类建筑物共936座，其中最大的是穿黄河工程。天津干渠穿越大小河流48条，有建筑物119座。

（2）穿黄河工程。总干渠在黄河流域规划的桃花峪水库库区穿过黄河，穿黄工程规模大，问题复杂，投资多，是总干渠上最关键的建筑物。经多方案综合研究比较认为，渡槽和隧道倒虹两种形式技术上均可行。由于隧道方案可避免与黄河河势、黄河规划的矛盾，盾构法施工技术国内外都有成功经验可借鉴，因此结合两岸渠线布置，推荐采用孤柏嘴隧道方案。

穿黄河隧道工程全长约7.2km，设计输水能力$500m^3/s$，采用两条内径8.5m圆形断面隧道。

3. 主要工程量和投资

土方开挖6.0亿m^3，石方开挖0.6亿m^3，土石方填筑2.3亿m^3，混凝土1583万m^3，衬砌水泥土718万m^3，钢筋钢材70万t，永久占地42.2万亩（含库区淹没23.5万亩），临时占地11万亩。

中线工程控制进度的主要因素是丹江口库区移民和总干渠工程中的穿黄河工程。穿黄河工程采用盾构机开挖，工期约需6年，并需考虑工程筹建期。

按1993年底价格水平估算，工程静态总投资约400亿元。中线工程可缓解京、津、华北地区水资源危机，为京、津及河南、河北沿线城市生活、工业增加供水64亿m^3，增供农业30亿m^3。

八、海水利用工程

随着近年来海洋开发“热”的升温，特别是专属经济区资源勘探和开发的实施，海洋工程技术得到了迅猛发展。

在潜水器技术方面。目前世界上建造的载人潜水器超过160艘，无人潜水器超过1000艘。日本继1989年建成深海6500m载人潜水器“SHINKAI6500”以后，于1993年又建成了世界上第一艘潜深10000m的无人潜水器，用于深海矿产资源和海洋生物资源的调查研究。经过“七五”和“八五”的工作，我国的潜水器技术有了很大的发展。在无人潜水器方面，某些项目已经达到国际水平；在载人潜水器方面，潜深600m的“7103”深潜救生艇是我国第一艘载人潜水器，还有300m工作水深的“QSZ—Ⅱ型双功能单人常压潜水装具系统”、潜深150m的鱼鹰Ⅰ号和双功能的鱼鹰Ⅱ号。综合国内从事潜水器开发的各院校、研究院和研究所的力量，我国已具有开发深海载人潜水器的技术能力。

在海底管线埋设、检测和维修技术方面。我国海底电缆的铺设已有几十年的历史，第一条国际通信电缆于1976年完成，1993年成功研制出MG—Ⅰ型海缆埋设犁，并于同年成功完成中日光缆的埋设任务。20世纪80年代开始，英国SMD（Soil Machine Dynamics Ltd.）公司和Land& Marine Eng公司建造了不少拖曳式埋设系统。而美国的海洋系统工程公司为AT&T研制的SCA－B号埋设机是一种ROV型（水中航行型）的埋设机。可在1850m深用喷水的方式埋设电缆至地下0.6m，可以取出埋深在1.2m以内的电缆，埋设电缆直径为300mm。履带爬行自走式、带有不同功能挖掘机构的埋设机是海底管道及电缆的埋设技术的发展趋势。在这种履带车载体上通过更换不同的挖沟机械，装备各种探测设备后，既能在沙泥底中进行埋设作业，也能在软岩底中进行埋设作业；既能铺设又能跟踪、挖掘、检修、复埋；既能在水下，也能在浅滩或滩涂工作。目前，这种自走式埋设机已有20多台。

作为开发海洋资源的一种活动，海洋空间利用已有相当长的历史，最早利用海面空间是两千多年前的海上交通运输。然而直到20世纪60年代，由于海洋工程等技术的逐步提高，以及城市化、工业化的迅速发展，导致陆上用地日趋紧张，使人们更加重视海洋空间的利用。海洋空间资源的开发利用可分为几个方面。第一、生活和生产空间；第二、海洋交通运输；第三、储藏和倾废空间；第四、海底军事基地。

解决海洋空间利用的工程技术问题也是近年来海洋工程界研究的热点。

1. 超大型浮式海洋结构的研究

在这方面，目前进行最广泛和深入的是日本和美国。日本于1999年8月4日在神奈川县横须贺港海面上建成一个海上浮动机场。这个浮动机场于1995年开始研制，它由6块长380m、宽60m、厚3m的箱型结构焊接而成，上有一条长1000m，最大宽度达120m的飞机起降跑道。这种机场具有很大的军事价值，战时可以作为支持作战飞机的移动基地使用。美国Weidlinger设计院曾为纽约4号机场设计了FLAIR海上机场方案，面积达6km^2（3600m×1680m），包括滑行跑道2条，飞行跑道4条，能够满足包括13747大型客机在内的每小时100架次的起降要求。

在我国，对超大型浮体结构的研究工作几近空白，但这并不是说我国的科学工作者对这方面的国际发展趋势和动态缺乏了解，而是对在我国进行超大型浮体结构的应用前景及研制的必要性和战略意义缺乏认识，在研究经费上缺乏支撑。

2. 海底军事基地

海洋空间利用的一个重要方面就是海底军事基地的建造，其中包括海底导弹和卫星发射基地、反潜基地、作战指挥中心和水下武器试验场等。目前，世界上海底军事基地最多的要数美国和前苏联。美国从20世纪60年代就开始制定一系列建立海底军事基地计划，并逐个完成了“海底威慑计划”，“深潜系统计划”、“海床计划”、“深海技术计划”等。譬如，美国设计的陀螺型“水下居住站”可供5人小分队在2000m深的海底完成持续20天的任务；建在佛罗里达的迈阿密东南50海里海底的“大西洋水下试验与评价中心”可供潜艇和水下武器试验使用。我国虽然在小型载人潜水器和无人遥控潜水器等方面已开展了一系列研究，并取得了相关的科研成果，但以军事为目的，能在复杂的水下环境下隐蔽工作，并能完成多种作战功能的海底军事基地的研究仍处于空白。然而，作为海洋空间利用的一个重要方面，海底军事基地的开发将会提到议事日程，它不仅能提高我国军事力量和军事威慑力量，而且也会带来其他配套科学、技术的发展，其价值是不可估量的。

3. 深海作业平台

随着海上油气资源的开发不断向深海发展以及其他深海资源开发的兴起，深海作业平台成为海洋工程界的热点之一。即将投入使用的URSA张力腿平台的工作水深将达1250m，然而这些深水平台技术复杂，造价十分昂贵。因此，当前世界各国都致力于开发新型的深水平台，以降低造价。这方面的研究工作，美国处于前列。例如，美国提出一种“新一代移动式海上钻井装置——带可回收重力基础的浮力腿平台”的设计方案。该方案将甲板及上部设备支撑在一个很长的单圆柱浮力腿上。浮力腿则由八组系索固定于靠压载控制的可回收的重力上。当一口井钻井完毕后，重力基础可用排除压载的方法回收，整个结构可方便地移至另一个井位。该结构具有良好的运动特性，建造简单，移动性好，兼具柱型浮标（SPAR）与张力腿平台的优点。该平台工作水深为915m的方案不包括上部设备的总造价为7500万～8500万美元，远低于同样功能的其他形式的平台。中船重工集团公司第七。二研究所、上海交通大学等单位对适用于深水的张力腿平台和轻型张力腿平台进行了理论分析和模型试验，为深海平台研究打下了一定的基础，但研究工作远未深入。我国目前的油气资源开发主要是在100多米水深的大陆架地区，随着向深海的发展，深海作业平台必须提到议事日程上。

各种海洋结构物由于在海洋环境中进行施工，将给海上施工技术带来极大的难度和特殊性。这里仅以海底沉管隧道的施工为例。目前世界上已建造沉管隧道110条以上（含海底和江底），其中最长沉管隧道是美国旧金山海湾地区快速交通隧道，全长5825m，由58节管段组成。最宽的沉管隧道是比利时亚伯尔隧道，管段宽达53.1m，全长336m，单节管段最长的隧道是荷兰海姆斯普尔隧道，最长一节管段为268m，宽21.5m，重5万t。在施工中必须解决超重大管段在浮动状态下的精确沉放问题；水下地基基础处理，通常要求平整度≯10cm；水下测量与控制问题。因此，它是工程船舶技术、激光测量技术、电子定位技术、超声波技术、高精度传感器技术和信息控制技术的综合。我国沿江、沿海城市正纷纷筹划建造沉管隧道。例如，上海已决定在吴淞口建造黄浦江沉管隧道。其由8根长为110m、宽为48m、高为10m的管段组成，每根管段重5万t，最大作业水深29m。建成后为8车道。该沉管隧道已在上海交通大学海洋工程国家重点试验室完成管段水上运输、定位、沉放试验，现在正进行施工设备的方案设计研究。由于沉管隧道比盾构隧道有车道多、投资省等特点，随着我国越海、越江交通事业的发展，可以预料沉管隧道的施工建造将会形成一个产业。我国台湾省、香港特区借助国外先进技术先后建成了沉管隧道。我国自行设计施工的第1条沉管隧道——广州珠江隧道已于1993年通车。此外，宁波甬江隧道也已建成。但总的来说，我国目前沉管隧道设计与施工技术还处于积累经验阶段，在施工技术与设备上仍有待进一步研究与开发。

4. 当前海洋工程技术研究的热点

(1) 潜水器技术——载人潜水器的开发。如前所述，由于载人潜水器不仅在海洋资源勘探开发，而且在水下作业乃至军事方面都有着无人潜水器不可替代的作用，因此世界上许多发达的海洋国家均投入大量人力、物力和财力开发载人潜水器。我国无论从海洋开发角度出发，还是从赶超和接近世界先进水平出发，都有必要进行载人潜水器的研制。“十五”期间，我国将在“863”计划中开展大深度载人潜水器的研究。载人潜水器因其所处的作业环境和作业功能的特殊要求决定了它在材料、结构、动力、推进、控制、信息采集和传输、水声、生命支持系统等方面都包含诸多高新技术内容。其主要关键技术为：

1) 大容量高性能能源研究，包括闭式循环柴油机系统，热气机动力系统，大容量高性能电池的研制等。

2) 轻型高强度材料的研究，包括石墨复合材料和陶瓷材料，钛合金以及高强度、低比重的浮力材料等。

3) 深水控制技术，包括高可靠性，高性能的操纵控制技术，高性能运动姿态测量和导引技术，智能控制技术等。

4) 特种装置技术，如特种推进系统，深海液压系统，水下作业技术，深海应急自救生命支持系统等。

5) 水下成像和水下图像信息传输技术等。

(2) 海底管线检测与维修教术。目前我国已有石油天然气管线超过2000km，这些管线的检测和维修费用每年高达几百万甚至几千万美元，由于管线损坏造成的停产损失更无法估计。海底管线检测和维修的主要关键技术是：

1) 水下管线泄漏检测技术，重点是高灵敏度水听器和信噪分离技术及放大处理技术。

2) 水下检测管线系统运载技术——主要是特种遥控潜水器，要求该潜水器具有低噪声，强推进的动力系统，低磁性的结构形式和可以自动跟踪管线的操纵控制技术。

3) 水下维修装置的精确定位技术。

4) 水下管线的提升和清泥技术，需研究大功率液压提升装置，大深度水下喷射式清泥装置。

5) 水下工作舱技术，重点是解决水下工作舱的生命支持系统，管线接口密封技术。

6) 水下作业机械。解决水下切割和焊接问题。

(3) 大型浮式生产系统研究。海上浮式生产系统不仅应用于海上边际油田的开发，而且也用于大型海上油田。其作业水深也逐步由浅水向深水发展，然而还有不少技术问题有待解决。

1) 系统的动力特性与运动响应分析。

2) 细长柔性构件（如系泊链、隔水管等）的涡激诱导振动及疲劳分析。

3) 生产储油船的极限强度及疲劳问题。

4) 高海况下快速解脱与快速回接问题。

5) 深水情况下材料的使用，包括设计、检验和防腐等。

(4) 深海平台研究。当前，海洋工程技术比较先进的国家，如美国、挪威及英国等都十分重视深海平台的研究，探索综合利用深水张力腿平台技术、单圆柱平台（SPAR）技术以及桶形基础技术等开发出新的平台形式。据报道，作为概念研究，平台的作业水深已超过1500m（所谓极深水），有望达到8000ft。深海平台的关键技术主要是：

1）平台结构形式研究，使平台具有良好的运动性能，同时又有较低的造价。

2）平台的非线性动力响应，尤其是长周期漫漂运动，以及高频响应中所产生的二阶和频力和高阶脉冲力。

3）平台张力腿系统的研究，尤其是张力腿的极界承载能力。疲劳断裂可靠性以及维修问题。

4）桶形基础研究，主要是基础土壤破坏机理研究（土壤在负压下的膨胀，渗流和失稳等），负压控制技术（基础在负压下沉时的速度和姿态控制），基础承载能力（上拔力，侧向力）的计算与实验研究。

（5）超大型浮式结构物（超大型浮体）的研究。超大型浮体的特征是平面尺度（与波长比）巨大，相对来说垂直尺度则甚小。所处的海洋环境又极其复杂，来波或来流的方向和大小在整个建筑物的范围内可能都不一样，同时超大型浮体是具有永久性或非永久性的海上建筑物。作为军事用途时，还要具有一定的抗暴、抗冲击的能力。因此给超大型浮体带来了特殊的技术问题，主要是：

1）海洋环境非均匀性对超大型浮体流体动力特性的影响。

2）超大型浮体的系泊定位系统的动力特性和可靠性研究。

3）多模块超大型浮体的水弹性响应研究。

4）超大型浮体各模块间柔性连接的方案设计，材料选择和连接结构的强度与可靠性分析。

5）超大型浮体的模型试验理论与试验方法研究。

（6）海上施工技术的研究。海上施工技术涉及的面很广，但也有其最基本的和具有共性的关键技术，主要是：

1）超重大件在浮动状态下的精确沉放技术。例如，海底沉管隧道的大型管段重达5万t，在浮动情况下精确沉放具有极高的难度。

2）水下地基基础处理技术。包括铺石、平整或打桩、灌浆。例如对沉管隧道，要求地基铺石后的平整度不大于5cm。

3）水下测量与控制技术。主要是利用超声波技术、高精度传感器技术和信息控制技术进行水下结构物的定位测量与控制。

21世纪，人类将全面步入海洋经济时代，海洋开发和利用需要先进的海洋工程技术和各种海洋工程结构物的支撑。大型海洋工程结构物一般都具有较大的宽度，如一般的半潜式平台的宽度就在70m左右，大型的全潜式重大件运输船的宽度要超过60m。世界上一流的船厂如日本三菱重工造船、韩国现代重工造船均利用大型干船坞建造海洋工程结构物。同时，国内外的海洋油气开发与利用对海洋工程结构物有着巨大的需求。我国在渤海等海域发现了大型油田，需要大型的浮式生产系统（FPSO）和各种平台。国际上继墨西哥和欧洲北海之后，在巴西和非洲西部海域均发现了丰富的油气资源。海洋工程结构物高技术和高附加值的特点对造船企业来说既是挑战又具有很大的吸引力。为此，建议国内大型造船企业如上海外高桥造船有限公司在未来发展中应将大型海洋工程结构物（如大型浮式生产系统、大型海洋平台、特种海洋开发装备等）作为其纲领性产品之一，并关注海洋工程技术的发展，有计划、有步骤地与有关高校、院所合作开展有关的研究，形成一定的技术储备和海洋工程结构物建造能力，为造船工业的发展，为海洋资源的开发、利用和保卫蓝色国土作出新的贡献。

学习情境五　现代水工新技术与新工艺

【学习目标】

通过学习使学生了解我国现代水利水电工程的施工技术与工艺已步入了规范化、法制化、科学化的道路，让学生在脑海中形成有关水利水电工程建设与施工的概念，认识并熟悉我国水利水电工程建设的新技术与新工艺，在掌握了工程建设的目标、依据、任务、有关规定及相关技术操作的基本规定和基本方法的前提下，能将掌握的新技术、新工艺运用到施工中，为今后在工程项目建设与施工的实际岗位上，提供基本知识。

【学习任务】

了解现代水利水电工程新技术、新工艺的产生背景、概念、作用、发展趋势，熟悉碾压混凝土技术、高边坡加固技术、工程爆破技术、地基处理新技术、测绘新技术、安全监测和安全评价技术在水利水电工程建设各阶段的运用，掌握相关技术操作的基本规定和基本方法，明确新技术与新工艺的施工特点、适用范围及主要影响因素等方面的专业知识。

【任务分析】

现代水利水电工程新技术、新工艺是更专业化、社会化的水利水电工程建设的必然产物，在工程项目不断地研究、探索，力求在紧密联系生产实际的情况下，大力推广和应用国内外新知识、新技术、新工艺，解决了工程施工中的各类技术难题。通过学习、了解碾压混凝土技术、高边坡加固技术、工程爆破技术、地基处理新技术、测绘新技术、安全监测和安全评价技术等相关技术操作的基本规定和基本方法，使学生在脑海中形成有关水利水电工程施工主要应用技术、工艺的知识体系与专业储备。

【任务实施】

一、概述

21 世纪，将新技术、新工艺运用于工程项目和提升工程质量，是建筑行业快速发展的关键。建筑企业必须以市场为导向，全面实施“科技兴企”、“质量兴企”的发展战略，大力推广和应用国内外新知识、新技术、新工艺、新材料，选用先进的生产经营方式和运用现代化管理方法，提高产品的技术含量、附加值和市场竞争力，占据市场并实现市场价值。近年来，在承接的工程项目中，项目部不断开拓创新，总结出多种新技术、新工艺运用到施工中，解决了工程施工中的局限性，节约了能源，提高了工作效率和经济效益，树立了“人与自然同在，工程建设与环境保护相结合”的现代水利施工理念。

二、碾压混凝土技术

采用碾压土坝的施工方法修建混凝土坝，是混凝土坝施工技术的重大变革。1974 年，巴基斯坦塔贝拉坝首先用碾压混凝土进行消力池的修复，共浇筑了 34.4 万 m^3。1978 年，日本岛地川坝应用碾压混凝土开始修建高 89m 的拦河坝，在总量 32 万 m^3 中，碾压混凝土量占 50%。美国柳溪坝坝高 58m，混凝土总量 30.7 万 m^3，从 1982 年 5 月开始浇筑，用 5 个月完成了大坝混凝土的碾压工作。

我国 1978 年开展碾压混凝土筑坝技术的研究，1986 年 5 月建成了我国第一座碾压混凝土坝——福建坑口重力坝（坝高 58.6m）。2007 年，红水河龙滩水电站（拦河大坝为碾压混凝土重力坝，坝高 216.5m）投产发电。20 年来，碾压混凝土坝在我国获得迅速发展，其筑坝技术已处于世界先进行列。

（一）碾压混凝土的施工特点

碾压混凝土坝通常的施工程序是先在下层块铺砂浆，洗车运输入仓，平仓机平仓，振动压实机压实，在拟切缝位置拉线，机械对位，在振动切缝机的刀片上装铁皮并切缝至设计深度，拔出刀片，铁皮则留在混凝土中，切完缝再沿缝无振碾压两遍。这种施工工艺在国内具有普遍性。碾压混凝土施工的主要特点如下：

（1）采用振动压实指标 VC 值为 10～30s 的干贫混凝土。振动压实指标 VC 值是指按试验规程，在规定的振动台上将碾压混凝土振动达到合乎标准的时间（以 s 计）。试验证明，当 VC 值小于 40s 时，碾压混凝土的强度随 VC 值的增大而提高；当 VC 值大于 40s 时，混凝土强度则随 VC 值增大而降低。

（2）大量掺加粉煤灰，减少水泥用量。由于碾压混凝土地是干贫混凝土，要求掺水量少，水泥用量也很少。为保持混凝土有必要的胶凝材料，必须掺入大量粉煤灰。这样不仅可以减少混凝土的初期发热量，增加混凝土的后期强度，简化混凝土的温控措施，而且有利于降低工程成本。通常，日本掺加粉煤灰量较少，少于或等于胶凝材料总量的 30%。我国和有些国家掺粉煤灰较多，高达 60%～80%。美国则多用干贫混凝土，如柳溪坝胶凝材料用量为 66kg/m^3。我国岩滩和天生桥二级水电站的胶凝材料用量均为 55kg/m^3。实践证明，碾压混凝土的单价较常态混凝土可降低 15%～30%。

（3）采用通仓薄层浇筑。碾压混凝土坝采用传统的柱状浇筑法，而采用通仓薄层浇筑，这样可增加散热效果，取消冷却水管，减少模板工程量，简化仓面作业，有利于加快施工进度。通仓浇筑要求尽量减少坝内孔洞，不设纵缝，坝段的横缝用切缝机切割，以尽量增大仓面面积，减少仓面作业的干扰。铜街子水电站最大仓面面积达 7000m^3。为了防止坝体横向开裂，通常在顺水流方向设置伸缩横缝，用振动切缝机成缝。

（4）碾压混凝土的温控措施和表面防裂。由于碾压混凝土坝不设纵缝，采用通仓薄层浇筑，大面积振动压实，要求坝体结构尽可能简单，仓内不采用冷却水管通水降温。又因加水量少，除采用低热大坝水泥，多掺粉煤灰外，还可用冷水拌和及骨料预冷的方式降低浇筑温度，同时利用层面散热降温，并尽可能安排在低温季节浇筑基础层。

（二）碾压混凝土的主要技术性质

碾压混凝土拌和物的工作性包括工作度、可塑性、稳定性及易密性。工作性较好的碾压混凝土拌和物，应具有与施工设备及施工环境条件（气温、相对湿度等）相适应的工作度。较好的可塑性是指碾压混凝土拌和物在一定外力的作用下，能产生适当的塑性变形。较好的稳定性是指在施上过程中碾压混凝土拌和物不易发生分离。较好的和易性则是指碾压混凝土拌和物在振动碾等施工压实机械作用下易于密实并充满模板。

碾压混凝土的特定施工方法要求其拌和物必须具有适当的工作度，既能承受住振动碾在上行走不陷落，也不能拌和物因过于干硬使振动碾难以碾压密实。由于碾压混凝土拌和物是一种超干硬性拌和物，坍落度为零，因此无法用坍落度试验来测定其工作度。用常规的 VB 试验也难以测定碾压混凝土拌和物的工作度。目前工程界多采用对 VB 试验改进后所形成的 VC 试验方法来测定碾压混凝土拌和物的工作度。

1. VC 值的测定

VC 试验的原理，就是在一定振动条件下，碾压混凝土拌和物的液化有一个临界时间，达到此临界时间后混凝土迅速液化，这个时间可间接表示碾压混凝土的工作度，工程上也称 VC 值。VC 值用维勃稠度仪测定，图 5-1 为维勃稠度仪示意图。

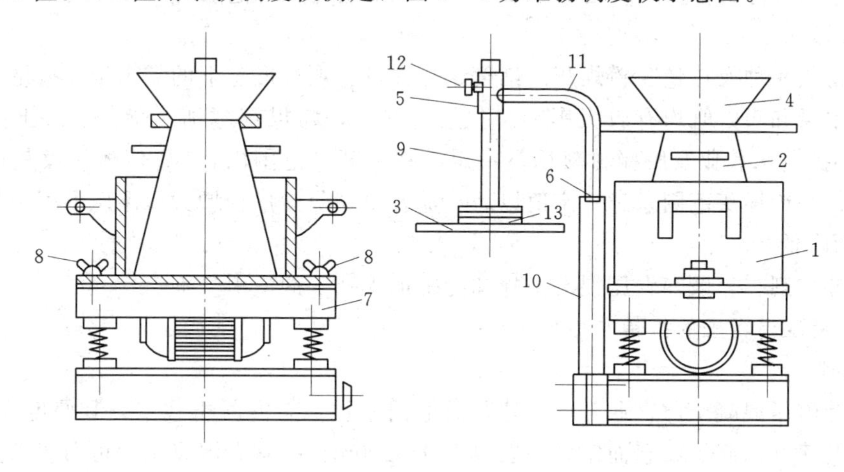

图 5-1　维勃稠度仪示意图

1—容量筒；2—坍落度筒；3—透明圆盘；4—漏斗；5—套筒；6—定位螺丝；7—振动台；8—元宝螺丝；9—滑杆；10—支柱；11—旋转架；12—螺栓；13—配重砝码

用维勃稠度仪测 VC 值的操作过程为：先按照规定方法把碾压混凝土拌和物装入坍落度筒，提起坍落度筒后，再依次把透明圆盘、滑杆及配重砝码加到拌和物表面。再松动滑杆紧固螺栓，开动振动台同时记时，记下从振动开始到圆压板周边全部出现水泥浆所需的时间，并以两次测值的平均值作为拌和物的稠度（VC 值），单位为 s。我国碾压混凝土施工规范规定 VC 的取值范围一般为 5～15s，近年来不少工程为解决碾压混凝土施工过程中的层面结合问题，倾向于选择较低的 VC 值，甚至低于 5s。

2. 影响 VC 值的主要因素

（1）单位用水量。单位用水量是影响碾压混凝土拌和物 VC 值的决定性因素，VC 值一般随着单位用水量的增大而减小，如图 5-2 所示。

碾压混凝土原材料骨料最大粒径和砂率一定时，如果单位用水量不变，则水胶比的变化对拌和物 VC 值的影响不大。

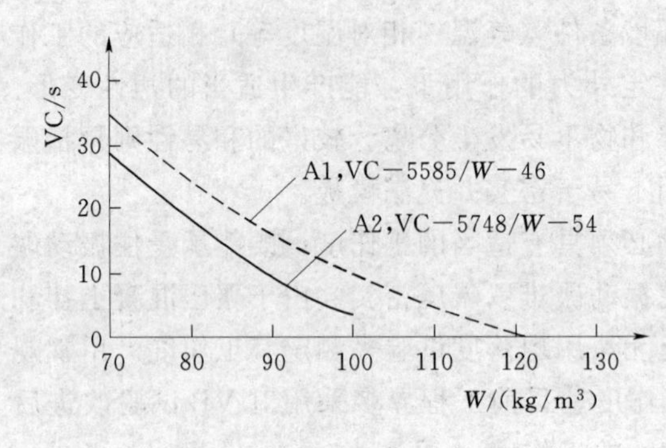

图 5-2 单位用水量与 VC 值关系曲线

(2) 骨料用量及特性。碾压混凝土拌和物是山砂浆和粗骨料组成的，在砂浆配合比一定的条件下，若粗骨料用量多，砂浆用量相对减少，则大颗粒骨料之间的接触面相对增大；在相同振动能量下，液化出浆困难，VC 值增大。此外，在相同条件下，碎石碾压混凝土拌和物的 VC 值较卵石碾压混凝土拌和物的大，吸水性大的骨料 VC 值较大；粗骨料的最大粒径越大，则礁压混凝土拌和物颗粒移位和重新排列所需要的激振力越大，VC 值也越大。

(3) 砂率。试验表明，当用水量和胶凝材料用量不变时，在一定范围内，碾压混凝土拌和物的 VC 值将随着砂率的增加而减小；当砂率超过一定范围后，再继续增加砂率，则 VC 值反而增大。

(4) 粉灰品种及掺量。粉煤灰的细度、烧失量、颗粒形态下的需水量及掺量对碾压混凝土的用水量和 VC 值均有较大影响。一般情况下，粉煤灰越细，碾压混凝土拌和物的 VC 值越小。若水胶比及胶凝材料用量一定，则在某一范围内，VC 值随粉煤灰掺量的增大而增加；当粉煤灰范围超过一定值以后，随着粉煤灰掺量的增大，碾压混凝土拌和物的 VC 值反而降低。

(5) 外加剂。一般在碾压混凝土拌和物中加入减水剂或引气剂。

(三) 碾压混凝土的摊铺与碾压

1. 摊铺

在摊铺碾压混凝土前，通常先在建基面上铺一层常态混凝土找平，其厚度根据坝高、坝址地质及建基面起伏状态而定，一般厚 1.0～2.0m，在常态混凝土中可布置灌浆廊道和排水廊道。但由于垫层混凝土受岩基约束过大，极易开裂，宜尽可能减薄。例如大朝山工程，建基面上仅用 0.5m 厚常态混凝土找平，即开始碾压混凝土铺筑。

碾压混凝土入仓虽可用不同的运输工具，但摊铺方法基本相同。不论采用自卸汽车直接入仓，还是负压溜管入仓，或是斜坡运输车通过集料斗再用自卸汽车入仓，摊铺时都要注意防止骨料分离。

我国常采用碾压层厚为 30cm，最大骨料粒径为 80mm 的三级配碾压混凝土。碾压混凝土仓面施工常采用平层通仓法，该法具有在大仓面条件下高效、快速施工的特点，施工质量好。为了在大仓面条件下减小浇筑作业面积、缩短层间间隔时间，可采用斜层平推法、台阶法。工程实践表明，斜层平推法可以用较小的浇筑能力浇筑较大面积的仓面，达到减少投入、提高工效、降低成本的目的。特别是在气温高的季节，采取这种施工方法效果更为明显。如江垭碾压混凝土坝应用斜层平推铺筑法后，1997 年 11 月的浇筑量达到 12 万 m^3，为江垭工程施工最高纪录。

在碾压混凝土坝过程中也可以布置廊道和泄水设施。若廊道设置在底部常态混凝土中，则与一般施工方法无大差别。若廊道设置于碾压混凝土中，则以采用预制混凝土廊道模板为好，吊装就位后，在廊道模板周边小心摊铺碾压混凝土，用手扶振动碾压实。

在设置泄水钢管时要特别注意管壁与碾压混凝土的结合，通常在管壁周围浇筑常态混凝土，以保证结合紧密。

2. 碾压

碾压混凝土施工最重要的环节是碾压。碾压混凝土特别干硬，骨料间阻力很大，仅靠自重不能克服。在振动作用下骨料颗粒周围虽出现局部液化现象，但仍必须增加压重使骨料在不同位置产生不等的位移，此时骨料表面胶凝材料暂时出现分离，使封闭的气泡在连续振动和碾压下随渗液排出，仓面有时会出现少量泌水，促使骨料与砂浆进一步密实，达到设计要求的密度。

根据碾压层厚、仓面尺寸、碾压混凝土和易性、骨料最大粒径和性质，振动碾的机动性、压力、碾轮尺寸、频率、振幅、速度等，以及其他方面的因素选择碾压设备。若采用人工骨料，由于骨料间阻力较大，宜选择较重的振动碾。

我国碾压混凝土多采用 BW 系列振动碾压实。这种碾有各种不同重量，重型碾用于坝体内部，在靠近模板特别是上游面二级配碾压混凝土防渗区，用轻型或其他手扶小型振动碾。

三、高边坡加固技术

边坡稳定问题是水利水电工程中经常遇到的问题。边坡的稳定性直接决定着工程修建的可行性，影响着工程的建设投资和安全运行。

我国曾有几十个水利水电工程在施工中发生过边坡失稳问题，如天生桥二级水电站厂区高边坡、漫湾水电站左岸坝肩高边坡、安康水电站坝区两岸高边坡、龙羊峡水电站下游虎山坡边坡等等。为治理这些边坡不但耗去了大量的资金，还拖延了工期，边坡稳定性问题成为我国水利水电工程施工中一个比较严峻的问题，有的边坡工程甚至已经成为制约工程进度和成败的关键。我国正在建设和即将建设的一批大型骨干水电站，如三峡、龙滩、李家峡、小湾、拉西瓦、锦屏等工程都存在着严重的高边坡稳定问题。其中三峡工程库区中存在 10 几处近亿立方米的滑坡体，拉西瓦水电站下游左岸存在着高达 700m 的巨型潜在不稳定山体，龙滩水电站左岸存在总方量 1000 万 m^3 倾倒蠕变体等。这些工程的规模和所包含的技术难度都是空前的。因此，加快水利水电边坡工程的科研步伐，开发出一套现代化的边坡工程勘测、设计、施工、监测技术，已经成为水利水电科研攻关的重大课题。

高边坡的地质构造往往比较复杂，影响滑坡的因素也很多，因此，我国广大水电科技人员在与滑坡灾害作斗争的过程中，不断总结经验教训，积极开展科技攻关，总结出了一整套水电高边坡工程勘测、设计和施工新技术，成功地治理了天生桥二级、漫湾、李家峡、三峡、小浪底等工程的高边坡问题。本节就水利水电工程岩质高边坡的加固与整治措施作简要介绍。

（一）混凝土抗滑结构的应用

1. 混凝土抗滑桩

我国在 20 世纪 50 年代曾在少量工程中试用混凝土抗滑桩技术。从 60 年代开始，该项技术得到了推广，并从理论上得到了完善和提高。到 80 年代，高边坡中的抗滑桩应用技术已达到了一定的水平。

抗滑桩由于能有效而经济地治理滑坡，尤其是滑动面倾角较缓时，其效果更好，因此在边坡治理工程中得到了广泛采用。如：天生桥二级水电站于1986年10月确定厂房下山包坝址后，11月开始在厂房西坡进行大规模的开挖，加上开挖爆破和施工生活用水的影响，诱发了面积约4万m^2、厚度约25～40m、总滑动量约140万m^3的大型滑坡体。初期滑动速度平均每日2mm，到1987年2月底每日位移达9mm。如继续开挖而不采取任何工程处理措施，预计雨季到来时将会发生大规模的滑坡，为此，采取了抗滑桩等一整套治理措施。

抗滑桩分成两排布置在厂房滑坡体上，在584m高程上设置1排，在597m高程平台上设置1排，桩中心距6m，桩深为25～39m，其中心深入基岩的锚固深度为总深度的1/4，断面尺寸为3m×4m，设置15kg/m轻型钢轨作为受力筋，回填200号混凝土，每根抗滑桩的抗剪强度为12840kN，17根全部建成后，可以承受滑坡体总滑动推力218280kN。

第一批抗滑桩从1987年3月上旬开工，5月下旬开始浇筑，6月1日结束。第二批抗滑桩施工是在1987—1988年枯水期内完成的。

抗滑桩开挖深度达3～4m后，在井壁喷30～40cm厚的混凝土。对岩体较好的井壁采用打锚杆、喷锚挂网的方法进行支护，喷混凝土厚度10～15cm。对局部塌方部位增设钢支撑。抗滑桩开挖到设计要求深度后，进行钢筋绑扎和钢轨吊装。

混凝土浇筑采用水下混凝土的配合比，由拌和楼拌和，混凝土罐车运输直接入仓，每小时浇筑厚度控制在1.5m内，特别是在滑动面上下4m部位，还需下井进行机械振捣。在浇到离井口5～7m时，要求分层振捣。每个井口设两个溜斗，溜管长度为10～14m，管径25cm。

抗滑桩的建成，对桩后坡体起到了有效的阻滑作用。天生桥二级水电站厂房高边坡采用打抗滑桩、减载、预应力锚杆、锚索、排水、护坡等综合治理措施后，坡体的监测成果表明：下山包滑坡体一直处于稳定状态，而且有一定的安全储备。安康水电站坝址区两岸边坡属于稳定性极差的易滑地层，由于对两岸进行了大规模的开挖施工，所形成的开挖边坡最大高度达200余m，单坡段一般高度在30～40m。大量的开挖造成边坡岩体的应力释放，断面暴露，再加上雨水的侵入，破坏了边坡的稳定，致使边坡开挖过程中发生十几处大小不等的工程滑坡，严重地影响了工程的施工，成为电站建设中的重大技术难题。

采用抗滑桩是稳定安康溢洪道边坡的主要手段，在263m高程平台上共设置了9根直径1m的钢筋混凝土抗滑桩，每根桩都贯穿几个棱体，最深的达35m，桩顶嵌入溢洪道渠底板内。为了不干扰平台外侧基坑的施工，桩身用大孔径钻机钻成，孔壁完整，进度较快，两个月就全部完成。这9根抗滑桩按两种工作状态考虑：在溢洪道未形成时，抗滑桩按弹性基础上的悬臂梁考虑，不考虑桩外侧滑面上部岩体的抗力；在溢洪道建成后抗滑桩桩顶嵌入溢洪道底板，此时按滑坡的下滑力考虑。

抗滑桩混凝土标号为r28250号，钢筋为ϕ40Ⅱ级钢。抗滑桩于1982年1月施工，3月完成后，基坑继续下挖，边坡上各棱体的基脚相继暴露。同年11月，在Fb75与F22断层构成的棱体下面坡根爆破开挖后，发现在263m高程平台上沿Fb75、F22断层及7号抗滑桩外侧近南北向出现小裂缝，且裂缝不断扩大，21天后7号抗滑桩外侧的Fb75～F22棱体下滑，依靠7号抗滑桩的支挡，桩内侧山体得以保存。

2. 混凝土沉井

沉井是一种混凝土框架结构，施工中一般可分成数节进行。在滑坡工程中既起抗滑桩的作用，有时也具备挡土墙的作用。

天生桥二级水电站首部枢纽左坝肩下游边坡，在二期工程坝基开挖浇筑过程中，曾于1986年6月和1988年2月两次出现沿覆盖层和部分岩基的顺层滑动。滑坡体长80m，宽45m，高差35m，最大深度9m，方量约2万m^3。

为了避免1988年汛后左导墙和护坦基础开挖过程中滑体再度复活，确保基坑的安全施工，对左岸边坡的整体进行稳定分析后，决定在坡脚实施沉井抗滑为主和坡面保护、排水为辅的综合治理措施。

沉井结构设计根据沉井的受力状态、基坑的施工条件和沉井的场地布置等因素决定，沉井结构平面呈“田”字形，井壁和横隔墙的厚度主要根据下沉重量而定。井壁上部厚80cm，下部厚90cm；横隔墙厚度为50cm，隔墙底高于刃脚踏面1.5m，便于操作人员在井底自由通行。沉井深11m，分成4m、3m、4m高的3节。

沉井施工包括平整场地、沉井制作、沉井下沉、填心4个阶段。下沉采用人工开挖方式，由人力除渣，简易设备运输，下沉过程中需控制防偏问题，做到及时纠正。合理的开挖顺序是：先开挖中间，后开挖四边；先开挖短边，后开挖长边。沉井就位后清洗基面，设置ϕ25锚杆（锚杆间距为2m，深3.5m），再浇筑150号混凝土封底，最后用100号毛石混凝土填心。沉井工程建成至今，已经受了多年的运行考验。目前，首部边坡是稳定的，沉井在边坡稳定中的作用是明显的。

3. 混凝土框架和喷混凝土护坡

混凝土框架对滑坡体表层坡体起保护作用并增强坡体的整体性，防止地表水渗入和坡体的风化。框架护坡具有结构物轻，材料用量省，施工方便，适用面广，便于排水，以及可与其他措施结合使用的特点。

天生桥二级水电站下山包滑坡治理采用混凝土护面框架，框架分两种形式。滑面附近框架，其节点设长锚杆穿过滑面，为一设置在弹性基础上节点受集中力的框架系统；距滑面较远的坡面框架，节点设短锚杆，与强风化坡面在一定范围内形成整体。

下山包滑坡北段强风化坡面框架采用50cm×50cm、节点中心2m的方形框架，节点处设置两种类型锚杆：在550～560m高程间坡面，滑面以上节点垂直于坡面设置ϕ36及ϕ32、长12m砂浆锚杆，在565～580m高程间坡面则设垂直于坡面的ϕ28、长6m的砂浆锚杆，相应地框架配筋为8Φ20和4Φ20。框架要求在坡面挖30cm深，50cm宽的槽，部分嵌入坡面内，表层填土并掺入耕植上，形成草本植被的永久护坡。

在岩性较好的部位可采用锚杆和喷混凝土保护坡面。

4. 混凝土挡墙

混凝土挡墙是治坡工程中最常用的一种方法，它能有效地从局部改变滑坡体的受力平衡，阻止滑坡体变形的延展。

在1986年6月，天生桥二级水电站工程下山包厂址未定之前，由于连降大雨（其降雨量达91.2mm)，550m高程夹泥层上面的岩体滑动10余厘米，584m高程平台上出现3条裂缝，其中最长一条55m长，2.2cm宽，下错2cm。为此采取了在550m高程浇筑50余米长的混凝土挡墙和打锚杆等措施。天生桥二级水电站厂房高边坡坡顶设置了混凝土挡土墙，以防止古滑坡体的复活，部分坡面采用浆砌块石护面加固，坡脚680m高程设置混凝土防护墙。在漫湾水电站边坡工程中也采取了浇混凝土挡墙及浆砌石挡墙、混凝土防掏槽等措施，综合治理边坡工程。

5. 锚固洞

在漫湾水电站边坡工程中，采用各种不同断面的锚固洞64个，形成较大的抗剪力。在左岸边坡滑坡以前，已完成2m×2m断面小锚固洞18个，每个洞可承受剪力9000kN。此外，还利用地质探洞回填等增加一部分剪力。由于锚固洞具有一定的倾斜度，防止了混凝土与洞壁结合不实的可能性，同时采取洞桩组合结构的受力条件远较传统悬臂结构合理，可望提供较大的抗力。

（二）锚固技术的应用

锚固技术采用预应力锚索进行边坡加固，具有不破坏岩体、施工灵活、速度快、干扰小、受力可靠，且为主动受力等优点，加上坡面岩体抗压强度高，因此，在天生桥二级、漫湾、铜街子、三峡、李家峡等工程的边坡治理中都得到大量应用。

在漫湾水电站边坡工程中，采用了1000kN级锚索1371根、1600kN级锚索20根、3000kN级锚索859根、6000kN级锚索21根，均为胶结式内锚头的预应力锚索，采取后张法施工。预应力锚索由锚索体、内锚头、外锚头三部分组成。内锚头用纯水泥浆或砂浆作胶结材料，其长度1000kN级为5～6m，3000kN级为8～10m，6000kN级为10～13m；外锚头为钢筋混凝土结构，与基岩接触面的压应力控制在2.0MPa以内。

为提高锚索受力的均匀性，漫湾工程施工单位设计了一种小型千斤顶，采用“分组单根张拉”的方法，如3000kN锚索19根钢绞线，每组拉3根，7次张拉完；6000kN锚索37根，10次张拉完，既简化操作程序，又提高锚索受力均匀性。锚索在补偿张拉时可以用大千斤顶整体张拉（如3000kN锚索），也可继续用分组单根张拉方法（如6000kN锚索），都不会影响锚索受力的均匀性。

在小浪底工程中大规模采用的无黏结锚索具有明显的优点，其大部分钢铰线都得到防腐油剂和护套的双重保护，并且可以重复张拉。由于在施工时内锚头和钢铰线周围的水泥浆材是一次灌入的，浆材凝固后再张拉，因此减少了一道工序，提高了工效，但其价格相对较高。

在高边坡施工过程中为保证开挖与锚固同步施工，必须缩短锚索施工时间，及早对岩体施加预应力，以达到加快工程进度，确保边坡稳定的目的。为此，结合“八五”科技攻关，在李家峡水电站高边坡开挖过程中，成功将1000kN级预应力锚索快速锚固技术应用于工程中。室内和现场试验表明，采用$N-1$注浆体和$Y-1$型混凝土配合比可以满足1000kN级预应力锚索各项设计技术指标，而施加预应力的时间由常规的14～28d缩短到3～5d。该项成果对及时加固高边坡蠕变和松弛的岩体具有重要的现实意义，充分体现了“快速、经济、安全”的原则。

三峡永久船闸主体段高边坡工程规模之大、技术难度之高均为国内外边坡工程所罕见，其加固过程中，采取了喷混凝土、挂网锚杆、系统锚杆、打排水孔、设置排水洞、采用3000kN级预应力锚索等综合治理措施，其中，3000kN对穿锚束1924束，在国内尚属首例。系统设计3000kN级预应力对穿锚束1229束，孔深22.1～56.4m，主要分布在南北坡直立墙和中隔墩闸首及上下相邻段。南北坡直立墙布置两排，水平排距10～20m，孔距3～5m，第一排距墙顶8～10m，第二排距底板高20m左右，均于两侧山体排水洞对穿。中隔墩闸首布置3排，排距10m，孔距3.5～6.4m，第一排距墙顶10m。此外，动态设计3000kN级预应力对穿锚束695束，孔深16～66m，主要布置在中隔墩闸室和竖井部位。对穿锚束分为无黏结和有黏结两种形式，其结构主要由锚束束体和内外锚头组成。由于锚索采取对拉锚索的形式，将内锚头放在山体内的排水廊道中，因此，内锚头不再是灌浆锚固端，而是置于廊道内的墩头锚或双向施加张拉的预应力锚。这类加固方式将排水和锚固结合起来，减少了约占锚索长度1/3～1/4的内锚固段，是一种理想的加固形式。

预应力锚杆也是常见的一种加固形式，如天生桥二级水电站厂房高边坡工程中实施了减载、排水、抗滑桩等技术后，滑坡位移速度虽有明显减小，可未能完全停止。为了确保雨季在滑坡体前方的施工安全，稳定抗滑桩到滑坡体前缘的20～40m长，10余万m^3的滑坡体，决定在565m高程马道上设置300kN预应力锚杆。锚杆分两排，孔距2m、孔径90mm，孔与水平成60°夹角，用ϕ36的钢筋，共实施了152根预应力锚杆，保证了工程的安全。

（三）减载、排水等措施的应用

1. 减载、压坡

在有条件的情况下，减载压坡应是优先考虑的加固措施。如天生桥二级水电站厂房高边坡稳定分析结果表明，滑坡体后缘受倾向SE的陡倾岩层影响，将向S（24°～71°）E方向滑动。该方向与滑坡前缘滑移方向有近20°～60°的夹角，将部分下滑力传至滑坡体前缘及治坡建筑物上，对滑坡整体的稳定不利，因此能有效控制后坡滑移也就能减缓整体滑坡。

在滑坡体后缘覆盖层最厚的部位，在保证施工道路布置的前提下，尽量在后缘减载。第一次减载14万余立方米，至610m高程，第一次减载后，滑动速度明显降低。紧接着再减载12万余立方米，至600m高程。两次减载共26万余立方米，滑坡抗滑稳定安全系数提高约10%。

乌江渡水电站库区左岸岸坡距大坝约400m，有一石灰岩高悬陡坡构成的小黄崖不稳定岩体。滑坡下部软弱的页岩被库水淹没，地表上部见有多条陡倾角孔缝状张开裂隙，最大的水平延伸长度达200m，纵深切割190m。4年多的变形观测结果表明，裂隙顶部最大累计沉陷量达171.1mm，最大累计水平位移量达56.0mm，估计可能滑动的体积约50万～100万m^3。为保证大坝的安全，对小黄崖不稳定岩体先后进行了两次有控制的洞室大爆破，共爆破石方20.8万m^3。从处理后的变形资料可以看出，已达到了削头、压脚、提高岩体稳定性的目的。

2. 排水、截水

地表水渗入滑坡体内，既增加滑坡体的重量，增加滑动力，又降低了滑动面上岩层的内摩擦力，对滑坡体的稳定是不利的。对于滑坡体以外的山坡上的地表水，采取层层修建拦水沟、排水沟的方法排水。在坡体范围内的地表水，对开裂的地方用黄土封堵，低洼积水地方用废渣填平，顺地表水集中的地方设排水沟排走地表水。如天生桥二级水电站厂房边坡工程治理中总共修建拦水沟、排水沟近10km。地下水的排除采取在滑坡体的后缘开挖总长384m的两条排水洞（距滑动面以下5～10m），并相联通，形成一个U形环，在排水洞内再设排水孔，把滑动体内地下水引入排水洞。

漫湾水电站边坡工程深层排水采用在坡面打深15～20m的排水孔，每6m×6m设一孔，利用施工支洞和专设排水洞排水，并在洞内向上、向坡外方向打辐射形排水孔，深15m。

三峡船闸高边坡稳定分析结果表明，地下水是影响边坡稳定的主要因素。三维渗流分析成果表明：船闸高边坡形成之后，在坡面喷混凝土防渗条件下遇连续降雨，若无排水设施，边坡山体地下水均在较高位置出逸；当设置排水洞后，地下水位较无排水情况有所降低，但不明显；当在排水洞中设置排水孔幕之后，地下水位有较大幅度降低，南北坡地下水出逸点已接近闸室底板高程，排水效果显著。为此，三峡船闸高边坡采用地表截、防、排水与地下排水相结合的综合排水方案，以地下排水为主，地表截、防排水为辅，有机结合，通过截、防、导、排，尽可能降低边坡岩体地下水位，减小渗水压力，改善边坡稳定条件，提高边坡稳定性。

四、工程爆破技术

爆破是利用炸药的爆炸能量对周围的岩石、混凝土或土等介质进行破碎、抛掷或压缩，达到预定的开挖、填筑或处理等工程目的的技术。在水利工程施工中，爆破技术广泛用于水工建筑物基础、导流隧洞与地下厂房等的开挖，以及料场开采、定向爆破筑坝和建筑物拆除等。

探索爆破机理，正确掌握各种爆破技术，对加快工程进度、保证工程质量和降低工程成本都具有十分重要的意义。

（一）爆破的有关概念

1. 爆破作用的概念

（1）爆炸。炸药爆炸属于化学反应。它是指炸药在一定起爆能（撞击、点火、高温等）的作用下，瞬间发生化学分解，产生高温、高压气体（如CO_2、CO、NO、NO_2、H_2O等），对相邻的介质产生极大的冲击压力，并以波的形式向四周传播。若在空气中传播，称为空气冲击波，在岩石上传播，则称为地震波。

（2）爆破。爆破是炸药爆炸对周围介质的作用，主要利用炸药爆炸瞬时释放的能量，使介质压缩、松动、破碎或抛掷等，以达到开挖或拆毁目的的手段。冲击波通过介质产生应力波，如果介质为岩土，当产生的压应力大于岩土的压限时，岩土被粉碎或压缩，当产生的拉应力大于岩土的拉限时，岩土产生裂缝，爆炸气体的气刃效应则产生扩缝作用。

2. 炸药爆炸三要素

炸药爆炸是化学爆炸的一种，炸药爆炸应具备三个同时并存的条件，称为炸药爆炸三要素。

（1）反应过程放出大量的热量。放热是化学爆炸反应得以自动高速进行的首要条件，也是炸药爆炸对外做功的动力。

（2）反应过程极快。这是区别于一般化学反应的显著特点，爆炸是在瞬间完成的。

（3）生成大量气体。一个化学反应，即使具备了前面两个条件，而不具备本条件时，仍不属爆炸。

3. 炸药的主要性能指标

爆炸应根据岩石性质和施工要求选择不同特性的炸药。反映炸药特性的基本性能指标如下：

（1）威力。威力代表炸药的做功能力，分别以爆力和猛度表示。前者又称静力威力，用定量炸药炸开规定尺寸铅柱体内空腔的容积来表示，它表征炸药破坏一定体积介质的能力。后者又称动力威力，用定量炸药炸开规定尺寸铅柱体的高度来表示，它表征炸药粉碎介质的能力。

（2）敏感度。炸药在外界能量作用下激起爆轰的过程，称为炸药的起爆。炸药起爆的难易程度，称为炸药的敏感度。炸药的敏感度包括热感度、火焰感度、冲击感度、摩擦感度和爆轰感度等。

（3）氧平衡。反映炸药含氧量和氧化反应程度的指标。若炸药的含氧量恰好等于可燃物完全氧化所需要的含氧量，则生成无毒的 CO_2 和 H_2O，并释放大量热能，称零氧平衡。若含氧量大于需氧量，生成有毒的 NO_2，并释放较少的热量，称为正氧平衡。若含氧量不足，生成无毒的 CO_2，释放的热量仅为正氧平衡的 1/3 左右，称为负氧平衡。

（4）安定性。安定性是指炸药在长期储存和运输过程中，保持自身物理和化学性质稳定不变的能力。物理安定性主要有吸湿、结块、挥发、渗油、老化、冻结、耐水等性能。化学安定性取决于炸药的化学性能。

（5）殉爆距离。殉爆是由于一个药包的爆炸引起与之相距一定距离的另一药包爆炸的现象。殉爆距是能够连续三次使该药包出现殉爆现象的最大距离。

（6）最佳密度。炸药能获得最大爆破效果时的密度。炸药密度凡高于或低于此密度，爆破效果都会降低。

（二）爆破的基本原理及药量计算

1. 装药在无限介质中爆炸的破坏现象

装药中心距固体介质自由表面的最短距离称为最小抵抗线，通常用 W 来表示。对一定量的装药来说，若其 W 超过某一临界值 W_C，即 $W>W_C$，则当装药爆炸后，在自由表面上不会看到爆破的迹象，也就是说装药的破坏作用仅限于固体介质内部，未能到达自由面。此种情况可视为装药在无限介质中爆炸。

大量爆破实践和试验表明，当装药在无限介质中爆炸时，除装药近处形成扩大的空腔（亦即压缩区，在土介质和软岩中最为明显）外，还从装药中心向外依次形成压碎区、裂隙区（亦称破坏区）和震动区（图 5－3）。

在压碎区内，岩石被强烈粉碎并产生较大的塑性变形，形成一系列与径向方向成 45°的滑移面。

在裂隙区内，岩石本身结构没有发生变化，但形成辐射状的径向裂隙，有时在径向裂隙之间还形成有环状的切向裂隙。

震动区内的岩石没有任何破坏，只发生震动，其强度随距爆炸中心的距离增大而逐渐

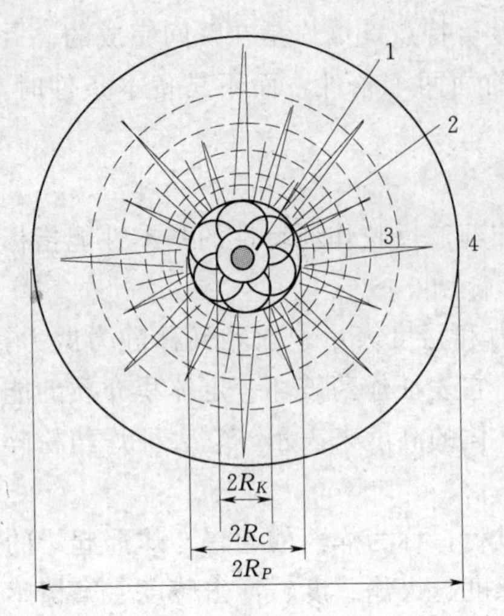

图 5-3　装药在无限介质中爆炸作用
R_K—空腔半径；R_C—压碎区半径；R_P—裂隙区半径；1—扩大空腔（压缩区）；2—压碎区；3—裂隙区；4—震动区

减弱，以致完全消失。

在工程中，利用爆炸空腔（压缩区）和压碎区，可以开设药壶药洞、构筑压缩爆破工事、构筑建筑物的爆扩桩基础以及埋设电杆的基坑等；利用破坏区，可以松散岩石、硬土和冻土，在石井中爆破扩大涌水量等；利用震动区，可以勘查地层结构、监测预报爆破震动对周围环境的影响程度等。

2. 装药在半无限介质中爆炸的破坏现象

如果 $W<W_C$，此种情况视为装药在半无限介质中爆炸。装药爆炸后，除在装药下方固体介质内形成压碎区、裂隙区和震动区外（假定介质自由表面在装药上方且为水平的），装药上方一部分岩石将被破碎，脱离原介质，形成爆破漏斗（图 5-4）。单位质量（1kg）炸药爆破形成的漏斗体积 V_u 与装药的埋置深度系数 Δ 有关（$\Delta=W/W_C$）。当 $\Delta=1$ 即 $W=W_C$ 时，$V_u=0$；在这种情况下，爆破作用只限于岩体内部，不能到达自由表面。当 $\Delta<1$ 时，形成爆破漏斗，其锥顶角和体积随 Δ 减小而不断增大。当 Δ 值减小到一定值时，V_u 达最大值，这时的最小抵抗线 W_0 称为最优抵抗线，$\Delta_0=W_0/W_C$ 称为最优埋置系数。若继续减小 Δ 值，漏斗锥顶角虽能继续增大（不可能无限增大，只能增大到一定限度），V_u 值却反而减小（图 5-5）。当 $\Delta=0$ 即 $W=0$ 时，虽仍可以形成爆破漏斗，但其体积很小，这种置于岩石表面的装药称为裸露装药，俗称糊炮。

当形成爆破漏斗的锥顶角较小时，漏斗内破碎的岩石只发生隆起，没有大量岩石的抛掷现象。发生这种作用的装药称为松动装药，其形成的爆破漏斗称为破碎漏斗或松动漏斗（图 5-6），只形成松动漏斗的爆破称为松动爆破。

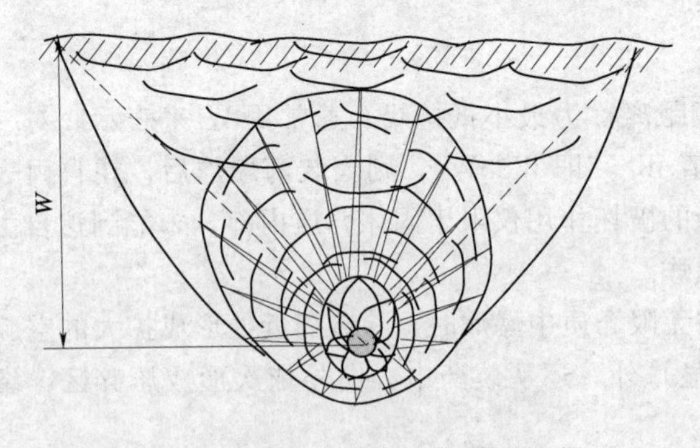

图 5-4　装药上方形成的爆破漏斗

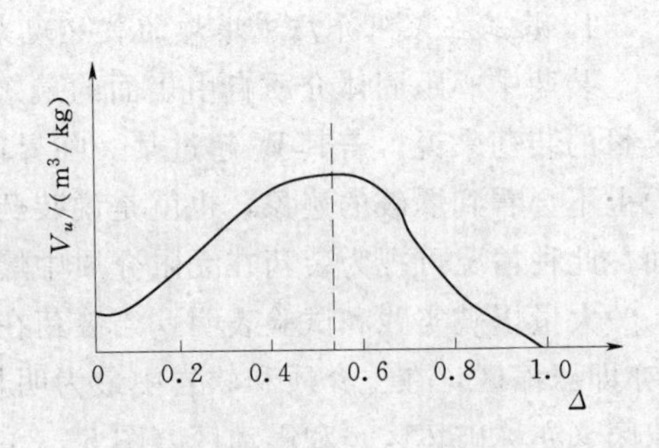

图 5-5　V_u 与 Δ 之关系

当爆破漏斗的锥顶角大于一定限度后，破碎的岩石将被抛出漏斗。发生这种作用的装药称为抛掷装药，其形成的爆破漏斗称为抛掷漏斗。在抛掷漏斗周围，通常还保留有部分已破碎、但未能被抛出的岩石，这部分岩石称为松动锥，它属于松动漏斗内保留下来的部分。抛掷过程结束后，一部分岩石回落到抛掷漏斗内。此外，堆积在漏斗周围的一部分岩石也会滑落到漏斗内。在自由面上能看到的爆破漏斗称为可见漏斗，其深度称为可见深度 P（图 5-7）。

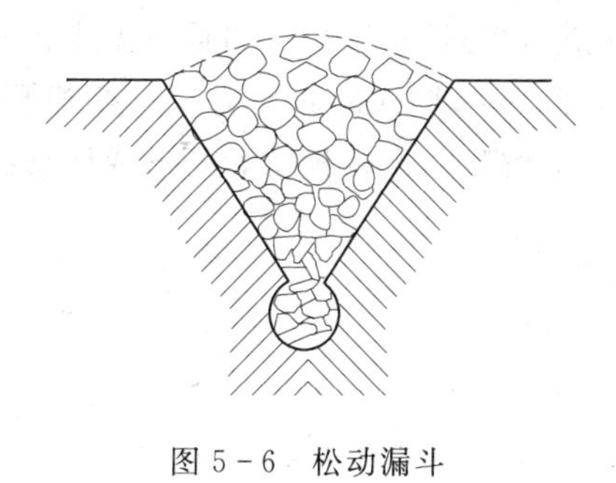

图 5-6　松动漏斗

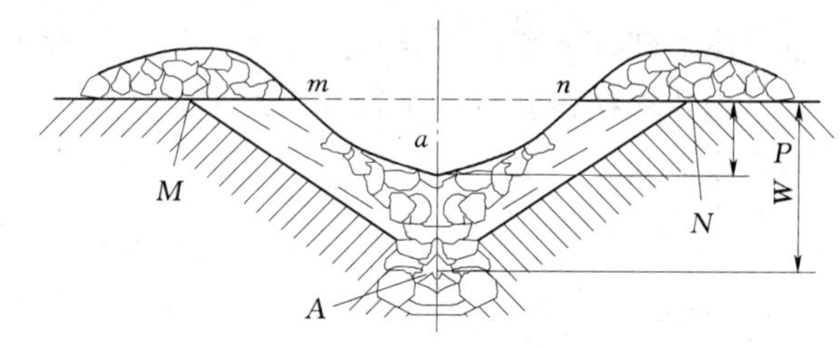

图 5-7　抛掷漏斗

MAN—松动漏斗；MmA—松动锥；mAn—抛掷漏斗；man—可见漏斗；W—最小抵抗线；P—可见深度

在工程中，利用爆破漏斗或抛掷作用，可以松动岩土、开挖坑、壕或一定形状尺寸的掩体工事、构筑道路或堆积石坝等。

在压碎区、裂隙区及漏斗形成过程中，冲击波（应力波）的强度已经大大减弱，在破裂区以外已不能再使介质破裂，只能引起介质质点的弹性震动，质点的震动范围即是震动区。震动区的范围很大。在这个范围内，离装药中心近的地方，震动强度大；离装药中心远的地方，震动强度小。

3. 爆破漏斗的几何要素

当装药量不变，改变最小抵抗线；或最小抵抗线不变，改变装药量，可以形成不同几何要素的爆破漏斗，包括松动漏斗和抛掷漏斗。爆破漏斗的主要几何要素如图 5-8 所示。

（1）抛掷作用半径 R 和松动作用半径 R_L；抛掷漏斗半径 r 和松动漏斗半径 r_L。

（2）抛掷爆破作用指数和松动爆破作用指数。抛掷漏斗半径与最小抵抗线的比值 $n=r/W$ 称为抛掷爆破作用指数。

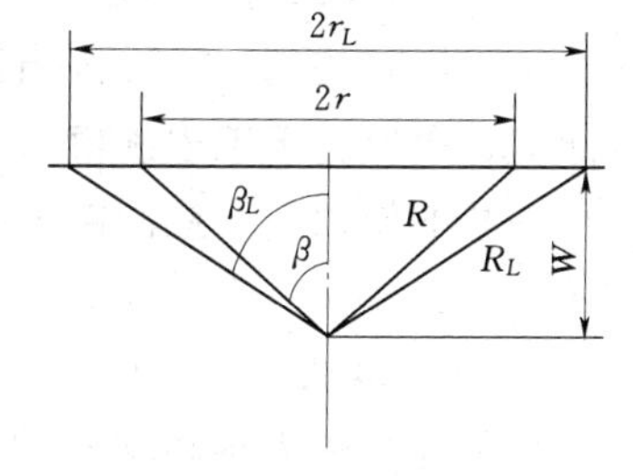

图 5-8　爆破漏斗的几何要素

$n=1$ 的抛掷漏斗称为标准抛掷漏斗，形成标准抛掷漏斗的装药称为标准抛掷装药。

$n>1$ 的抛掷漏斗称为加强抛掷漏斗，形成加强抛掷漏斗的装药称为加强抛掷装药。

$0.75<n<1$ 的抛掷漏斗称为减弱抛掷漏斗，形成减弱抛掷漏斗的装药称为减弱抛掷装药。

$n<0.75$ 时，实际上不再能形成抛掷漏斗，在自由面上只能看到岩石的松动和突起。因此，$n<0.75$ 的装药称为松动装药。

按照类似的定义，将松动漏斗半径与最小抵抗线的比值 $n_L=r_L/W$ 称为松动爆破作用指数。$n_L=1$ 的松动漏斗称为标准松动漏斗。减弱抛掷时（即 $0.75<n<1$），松动爆破作用指数 $n_L>1$，所以减弱抛掷又称为加强松动。

抛掷和松动作用半径主要决定于炸药性质、岩石性质和装药量。此外，抛掷作用半径还与最小抵抗线有关，而松动作用半径则与最小抵抗线无关，并等于装药的临界抵抗线 W_C。

在爆破岩石时，通常采用装药直径较小、装药长度较大的柱状装药。而且只需要将岩石从原岩体上破碎下来，不要求产生大量抛掷。此外，除某些形式的布孔方式（掏槽孔）外，其他炮孔均存在有与他平行或大致平行的自由面。平行自由面的柱状装药形成松动漏斗的体积近似为

$$V_L = r_L W L_b \tag{5-1}$$

式中：L_b 为炮孔长度。

最小抵抗线与松动作用半径或临界抵抗线 W_C 在几何上有下列关系：

$$W = W_C \cos\beta_L = W_C/(1+\tan 2\beta_L)1/2 = W_C/(1+n_L 2)1/2 \tag{5-2}$$

将式（5-2）代入式（5-1），得

$$V_L = W_C 2 L_b n_L/(1+n_L 2) \tag{5-3}$$

该式表明，当 W_C 和 L_b 固定不变时，柱状状药形成松动漏斗的体积为松动爆破作用指数 n_L 的函数，并存在有使漏斗体积达最大的 n_L 值。按求极值方法，令

$$\mathrm{d}V_L/\mathrm{d}n_L = W_C 2 L_b (1+n_L 2-2n_L 2)/(1+n_L 2)=0$$

得 $n_L=1$。

由此可见，对柱状装药的松动爆破来说，标准松动漏斗的体积最大，单位耗药量最小。

（三）爆破的基本方法

工程爆破的基本方法按照药室的形状不同主要分为钻孔爆破和洞室爆破两大类。爆破方法的选用取决于工程规模、开挖强度和施工条件。另外，在岩体的开挖轮廓线上，为了获得平整的轮廓面、控制超欠挖和减少爆破保留岩体的损伤，通常采用预裂或光面爆破等技术。

1. 钻孔爆破

根据孔径的大小和钻孔的深度，钻孔爆破又分浅孔爆破和深孔爆破。前者孔径小于75mm，孔深小于5m；后者孔径大于75mm，孔深超过5m。浅孔爆有利于控制开挖面的规格，使用的钻孔机具较简单，操作方便；缺点是劳动生产率较低，无法适应大规模爆破的需要。浅孔爆破大量应用于地下工程开挖、露天工程的中小型料场开采、水工建筑物基础分层开挖以及城市建筑物的控制爆破。深孔爆破则恰好弥补了前者的缺点，适用于料场和基坑的大规模、高强度开挖。

无论是浅孔还是深孔爆破，施工中均须形成台阶以合理布置炮孔，充分利用天然临空面或创造更多的临空面。这样不仅有利于提高爆破效果，降低成本，也便于组织钻孔、装药、爆破和出渣的平行流水作业，避免干扰，加快速度。布孔时，宜使炮孔与岩石层面和节理面正交，不宜穿过与地面贯穿的裂缝，以防止爆炸气体从裂缝中逸出，影响爆破效果。

2. 洞室爆破

洞室爆破又称大爆破，其药室是专门开挖的洞室。药室用平洞或竖井相连，装药后按要求将平洞或竖井堵塞。

洞室爆破大体上可分为松动爆破、抛掷爆破和定向爆破。定向爆破是抛掷爆破的一种特殊形式，它不仅要求岩土破碎、松动，而且应抛掷堆积成具有一定形状和尺寸的堆积体。

3. 药壶法爆破

药壶法爆破又称葫芦炮、坛子炮，是在炮孔底先放入少量的炸药，经过一次或数次爆破，扩大成近似圆球形的药壶，然后装入一定数量的炸药进行爆破。爆破前，地形宜先造成较多的临空面，最好是立崖和台阶。

药壶法爆破可减少钻孔工作量，多装药，炮孔较深时，将延长药包变为集中药包，大大提高爆破效果。但扩大药壶时间较长，操作较复杂，破碎的岩石块不够均匀，对坚硬岩石扩大药壶较困难，不能使用。适用于露天爆破阶梯高度 3～8m 的软岩石和中等坚硬岩层；坚硬或节理发育的岩层不宜采用。

4. 定向爆破

定向爆破是一种加强抛掷爆破技术，它利用炸药爆炸能量的作用，在一定条件下，可将一定数量的岩土经破碎后，按预定的方向抛掷到预定地点。

在水利水电建设中，可以用定向爆破技术修筑土石坝、围堰、截流戗堤以及开挖渠道、溢洪道等。在一定条件下，采用定向爆破方法修建上述建筑物，较之用常规方法可缩短施工工期，节约劳力和资金。

5. 预裂爆破

为保证保留岩体按设计轮廓面成形并防止围岩破坏，须采用轮廓控制爆破技术。所谓预裂爆破，就是首先起爆布置在设计轮廓线上的预裂爆破孔药包，形成一条沿设计轮廓线贯穿的裂缝，再在该人工裂缝的屏蔽下进行主体开挖部位的爆破，保证保留岩体免遭破坏。

预裂爆破在坝基、边坡和地下洞室岩体开挖中得到了广泛应用。

6. 光面爆破

光面爆破也是控制开挖轮廓的爆破方法之一，光面爆破是先爆除主体开挖部位的岩体，然后再起爆布置在设计轮廓线上的周边孔药包，将光爆层炸除，形成一个平整的开挖面。它与预裂爆破的不同之处在于光面爆孔的爆破顺序是在开挖主爆孔的药包爆破之后进行的。它可以使爆裂面光滑平顺，超欠挖均很少，能近似形成设计轮廓要求的爆破。

光面爆破一般多用于地下工程的开挖，在露天开挖工程中运用较少，只是在一些有特殊要求或者条件有利的地方使用。

7. 微差控制爆破

微差控制爆破是一种应用特制的毫秒延期雷管，以毫秒级时差顺序起爆各个（组）药包的爆破技术。其原理是把普通齐发爆破的总炸药能量分割为多个较小的能量，采取合理的装药结构，最佳的微差间隔时间和起爆顺序，为每个药包创造多个临空面条件，将大量齐发药包产生的地震波变成一长串小幅值的地震波，同时各药包产生的地震波相互干涉，从而降低地震效应，把爆破震动控制在给定水平之下。爆破布孔和起爆顺序有成排顺序式、排内间隔式（又称V形式）、对角式、波浪式、径向式等，其中对角式效果最好，成排顺序式最差。

五、地基处理新技术

近年来，我国水利水电建设快速发展，在建项目的数量和规模都达到了前所未有的水平。由于建筑物规模和功能的扩展，它们对地基的要求进一步提高。又由于优良地基的不断被开发，许多工程不得不建在相对软弱的地基上。还有追求效益与降低成本的规则要求承包商尽量加快施工速度，减少资源消耗。所有这些都对地基与基础工程技术提出了新的挑战，促进各种新技术、新工艺、新设备不断涌现出来。

水工建筑物的基础有两类：岩基和软基，其中软基包括土基与砂砾石地基。由于受地质构造变化及水文地质的影响，天然地基往往存在不同形式与程度的缺陷，需要经过人工处理，才能作为水工建筑物的可靠地基。

水工建筑物的基础处理，就是根据建筑物对地基的要求，采用特定的技术手段来减少或消除地基的某些天然缺陷，改善和提高地基的物理力学性能，使地基具有足够的强度、整体性、抗渗性及稳定性，以保证工程的安全可靠和正常运行。由于天然地基的性状复杂多样，不同类型水工建筑物对地基的要求也各不相同，在实际施工中，就必须有各种不同的基础处理方案与技术措施。下面主要介绍水利水电工程施工中，岩基处理与覆盖层处理中常用的基础处理技术。

（一）岩基处理

1. *防渗帷幕灌浆——GIN灌浆法*

岩基防渗帷幕灌浆自乌江渡工程以来，我国逐渐推广了孔口封闭灌浆法，一批大中型水利水电工程采用孔口封闭法建造了高标准的防渗帷幕。随着二滩、小浪底工程的建设，国际上一些高效率的施工方法，如GIN灌浆法、自下而上纯压式灌浆法等引进中国，促进了我国灌浆技术的发展。

GIN（Grouting Intensity Number，缩写GIN，灌浆强度值）法的基本概念是，对任意孔段的灌浆，都是一定能量的消耗，这个能量消耗的数值，近似等于该孔段最终灌浆压力P和灌入浆液体积V的乘积PV，PV就叫做灌浆强度值，即GIN。由于裂隙岩体灌浆时，大裂隙常常注入量大而使用压力小，细裂隙常常注入量小而使用压力高。隆巴迪认为，如果在各个灌浆段的全部灌浆过程中，都控制GIN为一常数，就可以自动地对开敞的宽大裂隙限制其注入量，对比较致密的可灌性差的地段提高灌浆压力。由于GIN等于常数，在压力-注入量坐标系上，GIN曲线是一条双曲线，再加上对最大灌浆压力和最大注入量的限制，就组成了一条对灌浆过程控制的包络线。

GIN法灌浆的要点有：①采用一种固定配比的稳定浆液，灌浆过程中不变浆；②用GIN曲线控制灌浆压力，在需要的地方尽量使用高的压力，在有害和无益的地方避免使用高压力；③用电子计算机监测和控制灌浆过程，实时地控制灌浆压力和注入率，绘制$P-V$过程曲线，掌握灌浆结束条件。

GIN法灌浆几乎自动地考虑了岩体地质条件的实际不规则性，使得沿帷幕体的总的注入浆量合理分布，灌浆帷幕的效益—投资比率达到最大。GIN法在欧美一些国家的工程中应用，取得了较好的效果，但也有一些学者提出异议。我国于1994年引进，曾在湖南江垭水利枢纽、长江三峡水利枢纽等工程中进行过灌浆试验。黄河小浪底水利枢纽在充分进行灌浆试验的基础上，提出了以孔口封闭法为基础，嫁接GIN法，取二者之长，并在防渗帷幕工程中应用，取得了满意的效果。小浪底GIN法帷幕灌浆技术研究获得水利部1999年科技进步三等奖。

2. 无盖重固结灌浆

坝基固结灌浆与大坝混凝土浇筑在工期上常常存在矛盾。二滩、三峡工程在部分坝块采取了无盖重灌浆，或仅浇筑“找平混凝土”后即进行固结灌浆。二滩工程在无盖重灌浆的坝段预埋了灌浆管，以后对孔口的灌浆段进行补充灌浆。三峡工程的灌浆成果表明，无盖重（或浇筑找平混凝土灌浆）在技术上是可行的，可以满足设计要求，能够节约钻孔和工期，但在缓倾角裂隙发育的部位不宜采用。

3. 岩溶灌浆

以乌江渡等建设在岩溶地区的水电站为标志，我国的岩溶灌浆具有很高的技术水平。

云南五里冲水库是在岩溶地区拦截盲谷暗河兴建的无坝水库。帷幕灌浆量21.6万m，大多在强岩溶地层中。该工程应用高压灌浆技术在大型溶蚀塌陷体建造了高标准的防渗帷幕，在溶洞暗河区建造了深达100.4m、长50m、厚2.0～2.5m的地下混凝土防渗墙，水库深超过100m。该项《盲谷水库的防渗处理》技术被专家评为国际领先水平，并获得云南省科技进步奖。

为了截断岩溶洞穴中高流速地下水的需要，中国水利水电科学院和国电公司贵阳勘测设计研究院共同研究发明了一种模袋灌浆技术。这项技术是在充分探明溶洞状态的前提下，通过向钻孔中安设特制的模袋，并向模袋中注入速凝浆液，从而达到堵塞岩溶通道的目的。这项技术已在贵州、广西的一些工程中应用，效果良好。

4. 隧洞灌浆

为满足一些承受高水头压力隧洞的需要，隧洞围岩固结灌浆继续向高压力势态发展，继1992年天生桥二级水电站引水隧洞进行了6.0MPa高压固结灌浆、广州抽水蓄能电站输水洞进行了6.1MPa的灌浆之后，天荒坪抽水蓄能电站进行了9.5MPa高压固结灌浆，这是我国水工隧洞灌浆采用的最高灌浆压力。

山西万家寨引黄工程输水隧洞大量采用了隧洞掘进机（TBM）掘进成洞，隧洞衬砌采用预制混凝土管片，管片与洞壁之间充填豆砾石（细骨料），之后对豆砾石进行灌浆。这是我国水工隧洞衬砌和灌浆的新形式。

5. 灌浆材料

水泥基灌浆材料的发展，近期主要是稳定浆液和细水泥浆液的推广应用。

（1）稳定浆液。稳定浆液是指掺有稳定剂，2小时析水率不大于5%的水泥浆液。早些年我国的一些单位和学者从国外引进这种浆液并进行了研究，小浪底工程坝基固结灌浆和帷幕灌浆共计50余万米工程量普遍地采用了稳定浆液灌注，浆液由0.7∶1的42.5级普通硅酸盐水泥浆液，加入2%的膨润土和0.6%的高效减水剂配制而成，浆液主要性能为密度1.60～1.67g/cm^3，2小时析水率小于5%，黏聚力小于4Pa，马氏黏度28～35s。这是稳定浆液在我国最大规模的应用。

（2）改性细水泥。多年的研究和实践成果表明，针对岩体细裂隙灌浆，干磨改性细水泥湿磨细水泥比较适用和经济。大黑汀水库坝基岩体为角闪斜长片麻岩和花岗片麻岩，节理裂隙极为发育但可灌性差，受当时技术水平的限制，建坝初期完成的帷幕灌浆运行十多年来已经严重衰减或失效，急需除险加固。通过灌浆试验和论证，确定其主要坝段的补强灌浆选用干磨改性细水泥，钻孔灌浆工程量1万余米。改性水泥以42.5级普通硅酸盐水泥为基料，加入灌浆剂（有膨胀和减水作用）干磨而成。它的细度为小于6μm颗粒≥40%，小于30μm颗粒≥95%，比表面积5000～6000cm^2/g。大黑汀改性细水泥灌浆单位注灰量为20.93kg/m，平均透水率由灌前的0.57Lu（大于1Lu的孔段占14.8%）降至0.27Lu（小于0.5Lu的孔段占99.1%），效果明显优于同期进行的普通水泥灌浆。

（3）湿磨水泥。湿磨水泥是将水泥浆液通过湿式磨细机磨细，湿磨水泥浆最初由日本发明，90年代传入我国。湿磨水泥浆在施工现场使用普通水泥浆现磨现灌，不存在细水泥的运输和保存问题，加工也比较方便，在各种细水泥中它的价格是比较低的。日本使用的湿磨机是珠磨方式，国内使用的有珠磨方式和盘磨方式。

三峡工程全部帷幕灌浆和部分固结灌浆（辅助帷幕）采用了湿磨水泥浆，是世界上使用这种材料最大的工程。三峡工程的湿磨水泥使用长江科学院研制的盘式湿磨机，要求42.5级普通硅酸盐水泥浆经过3台串联的湿磨机连续研磨后达到颗粒直径D95≤40μm。目前三峡二期主体工程的帷幕灌浆和固结灌浆共20余万米已经完成，灌浆效果满足设计要求。

6. 化学灌浆

化学灌浆继续作为水泥灌浆的补充，并且越来越独立地成为一种地基处理技术。

水泥灌浆和化学灌浆相结合的复合灌浆在长江三峡工程中获得应用并有所前进和发展。三峡工程坝基断层F215、永久船闸闸基断层F1096等采用了水泥和环氧复合灌浆，其主要工艺及设备为高压水泥封闭灌浆、高压喷射冲洗、高压水泥灌浆和环氧类化学灌浆，使用了高压化灌泵和封闭制输浆系统。三峡工程部分坝段的帷幕灌浆采用了丙烯酸盐浆液灌浆。两种化学灌浆分别改善了岩体的力学和抗渗性能，弥补了水泥灌浆的不足。江垭、小浪底水利枢纽坝基帷幕灌浆的局部地段也采用了化学灌浆，灌浆材料除环氧类外，根据地层情况和工程需要也有采用聚氨酯类浆液、改性水玻璃类等。

7. 灌浆自动记录仪应用

20世纪80年代中期，由中国水利水电基础工程局科研所和天津大学自动化系联合研制成功我国第一台灌浆自动记录仪。但记录仪获得推广应用主要是在“九五”期间。1994年发布的《水工建筑物水泥灌浆施工技术规范》（SL 62—1994）在我国首次规定“灌浆工程宜使用测记灌浆压力、注入率等施工参数的自动记录仪。”二滩、观音阁、小浪底等利用外资工程都全面地使用灌浆自动记录仪。目前我国已有基础工程局、长江科学院等单位可生产符合施工需要的灌浆自动记录仪，记录的参数由初期的灌浆压力、注入率2项参数，逐步增加到可以记录浆液密度、岩体抬动等4项参数。由一台记录仪观测一台灌浆泵，到一个记录系统可以同时监测8～16台灌浆机工作。由单纯地记录现场施工参数，到可以按照灌浆规范的要求系统地整理生成灌浆成果资料。

（二）覆盖层处理

1. 混凝土防渗墙

混凝土防渗墙是我国覆盖层地基上水工建筑物防渗的主要措施。近十年来我国大型混凝土防渗墙施工技术取得重大突破。

（1）完成了我国最深的混凝土防渗墙。突破了1983年四川铜街子水电站围堰混凝土防渗墙保持的74.4m深的记录，小浪底主坝混凝土防渗墙墙深达到81.9m。小浪底防渗墙还创造我国混凝土强度等级最高（35MPa），以及第一次采用横向接头孔技术的记录。

（2）液压铣槽机、抓斗等高效机械已成为施工主力设备，摆脱了长期依赖旧式冲击钻机的局面。长江三峡二期工程上游围堰防渗墙，工程量大（48259m^2）、工期短（1个枯水期）、技术复杂，在方案论证阶段，一家著名的外国公司提出的意见为，使用5排孔距1.2～1.8m的高压旋喷桩和2道厚1.2m塑性混凝土防渗墙的方案，需2个枯水期完成。我国采用的设计方案为1道厚1.0m的塑性混凝土防渗墙（河床深槽地段2道墙），使用1台液压铣槽机、2台抓斗挖槽机、35台冲击式反循环钻机和冲击钻机，创造了“铣-砸-爆”、“铣-抓-钻”、“铣-抓-钻-爆”等工法，自1997年11月至1998年8月完成施工任务。最大月施工强度6440m^2。液压铣槽机和抓斗完成的工程量占2/3以上。专家鉴定长江三峡二期上游围堰防渗墙施工技术和工程实践总体上达到国际领先水平。

（3）塑性混凝土进一步推广应用。塑性混凝土是我国在“七五”科技攻关中取得的成果，它与普通混凝土不同之处是使用水泥少（80～180kg/m^3），大量加入了膨润土等混合材料，因而弹模低，对地层的适应性好，非常适宜于用作防渗墙墙体材料。“九五”期间，塑性混凝土大量推广应用，三峡工程围堰防渗墙全部采用了这种材料，并且结合三峡坝区有大量风化砂原料的特点，研制了以风化砂作骨料的“柔性材料”。三峡二期上游围堰防渗墙最大墙深73.5m，施工期间即承受了长江1998年汛期8次洪峰考验，竣工后墙体上部向下游最大变位达590mm，但墙体运行正常。2002年，三峡工程上下游围堰防渗墙已经圆满完成挡水任务拆除。

由于长江堤防沿线许多地方缺少石料，因此一些堤防的薄型混凝土防渗墙也采用了全部以砂做骨料塑性混凝土（砂浆），取得良好效果。

（4）墙段接头技术有新的突破。防渗墙的墙段接缝是墙体的一个薄弱环节，墙段接头技术是防渗墙施工的一项难点，长期以来主要沿用传统的钻凿法，工效低、消耗大。拔管法研制试用了许多年，但仍不尽人意，因而除堤防薄墙外未有大面积推广应用。嫩江尼尔基水库坝基防渗墙面积39035m^2，最大深度39.7m。施工强度高达13000～15000m^2/月，超过了三峡工程。墙段接头必须采用拔管法施工，以满足工期要求。中国水利水电基础工程局科研所解决了一项关键技术，使该工程拔管成功率达到100%。该单位还在承接越南的拜尚水闸的防渗墙施工中，成功地采用了在墙段接缝中安设PVC止水片的技术，赢得了国外同行的好评。润扬长江公路大桥北锚碇地连墙墙段接缝采用了V形钢板连接技术，基坑开挖证实，止水效果良好。

（5）水工混凝土防渗墙技术在其他建筑领域取得重大成果。润扬长江公路大桥是我国公路桥梁建设史上规模最大、标准最高、技术最复杂的特大型桥梁工程。其中南汉桥北锚碇是大桥的关键部分，它要建设在一个江心洲的软弱淤泥及疏松粉细砂层上，并且穿过软弱地层坐落和深入到基岩。中国的建桥专家为之曾进行了长期的研究，比较了多种施工方案，最后决定带案招标。长江水利委员会和中国水利水电基础工程局的专家以水工混凝土防渗墙的巨大优势提出的地连墙方案一举夺标。仅用了5个月的时间完成了长69m，宽50m，平均深50m的大型地下连续墙，2002年5月基坑开挖和封底完毕。润扬大桥北锚碇地连墙的设计水平和施工质量受到了交通部领导和国内外专家的高度评价。

2. *覆盖层灌浆*

覆盖层灌浆我国通常采用循环钻灌法，国外较多采用预埋花管法。近年来两种方法都有应用，这标志着我国在覆盖层防渗工程中广泛采用防渗墙技术的同时，灌浆技术仍然保持着较高的水平。

重庆小南海水库地震堆积天然坝体防渗，经过多种方案比较和灌浆试验确定采用帷幕灌浆方案，采用循环钻灌法施工，无岩芯钻进，泥浆固壁，灌注水泥黏土浆。完成钻灌工程量48124m，防渗效果良好。南京市长江堤防有的地段采用了袖阀灌浆（预埋花管法）也取得了成功。

3. *高喷灌浆*

高喷灌浆于20世纪70年代引进中国，80年代在水利工程中获得推广应用。90年代国际承包商在二滩工程和小浪底工程完成的高喷防渗幕墙，设备精良、技术先进、工期短、质量好，带动了我国高喷技术的发展。

（1）设备及工艺的改进完善。在初期的单管法、二重管法和三重管法的基础上，开发了新二管法和三管法。新二管法提高了压缩空气的压力，新三管法以高压水和高压浆（40MPa）两次切割地层。新方法提高了旋喷桩或防渗板墙的质量，拓宽了高喷灌浆的适用范围。与此同时，还开发了能减少钻孔和喷射灌浆两道工序之间间隔时间的“振孔高喷”和“钻喷一体化”工艺，可以加快高喷灌浆的施工进度。这些方法拟在三峡三期截流围堰防渗工程施工中使用。

（2）处理范围拓宽。中小型土石坝和浅层细颗粒覆盖层防渗，高喷灌浆通常能取得满意的效果。现在一些深厚覆盖层和大粒径地层中，高喷灌浆也取得了良好的成绩。河南林州弓上水库黏土心墙砂砾坝坝高50.30m，心墙质量差，运行过程中因沉降和冲刷发生裂缝，坝基砂卵石覆盖层深28m，并含有大孤石，透水性强。经现场试验后，确定采用高喷灌浆防渗，设计布置为小孔距旋喷套接，最大孔深83m。施工后渗漏量由处理前的270L/s减少到6L/s，效果显著。这是国内最深的高喷防渗板墙。

（3）制定了施工技术规范。高喷灌浆技术虽然在水利水电工程已经使用20余年，但并未形成自己的技术标准，这不利于高喷灌浆技术的发展和保证高喷灌浆工程的质量，因此编制适应于水利水电工程需要的高喷灌浆技术规范势在必行。经过有关单位和专家的协同努力，我国水利行业高喷灌浆的第一部技术标准《水利水电工程高压喷射灌浆技术规范》（DL/T 5200—2004）在2001年编制完成。这是高喷灌浆技术的一项重要成果。

4. *振冲加固*

振冲技术在加固软土地基方面应用广泛。但在应用初期，振冲器的功率都较小，加固的地层范围窄，深度小。近年来，振冲器的功率不断增大，广东飞来峡水利枢纽坝基水下回填中粗砂振冲加密处理采用了150kW液压振冲器和120kW、75kW电动振冲器。加密深度 20m，进尺 10 余万米，面积 5 万 m^2。

振冲工艺也不段改进，填料方法由以往的间断填料法或连续填料法发展为强迫填料法。强迫填料法解决了软黏土缩孔、砂土塌孔，填料困难的问题，填料强度大，成桩质量好。质量控制标准由原来的单一控制加密电流，发展为同时控制加密电流、留振时间、加密段长三个指标。在大量工程实践的基础上，《水利水电工程地基振冲法处理技术规范》(DL/T 5214—2005）已经制定发布。

六、测绘新技术

测量工作贯穿于水利工程勘测、设计、施工、运行整个过程，对水利工程建设和管理有着十分重要的作用。文章对测绘新技术在水利建设和管理中的应用进行综合介绍，目的在于让更多的水利工作者把更新更好的测绘技术应用到实际工作中，为水利工作提供高效的服务。

目前水利工程测量使用较多的仪器是：水准仪、经纬仪、平板仪和全站仪等，或者使用航测仪器进行航测成图，其成果一般以图件的形式提交和使用，存在着工作量大，外业辛苦，成图周期长，精度难以保证等各种问题。随着人类科学技术的不断发展和进步，各种新的技术在测绘工作中起着显著的作用，这些测绘新技术不仅充实了水利工程测量科学理论，而且有很强的可操作性，大幅度地减少了测绘人员在野外的工作时间，节省了人力、财力、物力，为水利工程建设提供了更好、更快的服务。

（一）采用新的测绘技术重大意义

测绘是经济社会发展和国防建设的一项基础性工作，加强测绘工作对于加强和改善宏观调控、促进区域协调发展、构建资源节约型和环境友好型社会、建设创新型国家等具有重要作用测绘是准确掌握国情国力、提高管理决策水平的重要手段。提供测绘公共服务是各级政府的重要职能。同时，测绘工作涉及国家秘密，地图体现了国家主权和政治主张。全面提高测绘在国家安全战略中的保障能力，确保涉密测绘成果安全维护国家版图尊严和地图的严肃性，对于维护国家主权、安全和利益至关重要。现代测绘技术已经成为国家科技水平的重要体现，地理信息产业正在成为新的经济增长点。全面提高测绘保障服务水平，对于经济社会又好又快发展具有积极的促进作用。

改革开放以来，我国测绘事业取得长足发展，数字中国地理空间框架建设稳步推进，测绘科技水平不断提高，地理信息产业正在兴起，测绘保障作用明显增强。随着经济社会的全面进步，各方面对测绘的需求不断增长，测绘滞后于经济社会发展需求的矛盾日益突出。要想早日实现全系统“一张图、一个网、一个平台”，发挥测绘高新技术势在必行。

（二）测绘新技术的应用

随着测绘技术的高速发展，形成了两个发展趋势：①在控制测量、地形测量、施工测量、竣工测量和变形监测等 5 个部分中不断出现新仪器、新方法和新手段；②工程测量的应用领域不断扩展，出现了工业测量和地下管线探测等新的领域，还将测量新技术应用到了建筑测绘中。下面从空间技术和信息技术两方面探讨新技术在测绘活动中的显著作用。

1. 空间技术

(1) GPS 全球定位系统。随着差分 GPS 技术的发展，用 GPS 测定三维坐标的技术方法将测绘定位技术从静态扩展到动态，从事后处理扩展到实时（或准实时）定位与导航，绝对和相对精度扩展到米级、厘米级乃至亚毫米级。基础定位将由差分GPS、主动式控制系统、实时GPS甚至在不久的将来以手表式GPS代替传统的仪器服务。传统大地测量网正被日益摆脱，利用基于GPS主动式控制系统建立国家空间基准基础设施成为发展趋势，GPS还与多波束测深系统结合形成海底地形地貌测绘新技术手段。卫星定位系统拓展了传统大地测量的服务领域，为地球动力学和智能交通系统等方面提供了有效的技术支撑。

(2) RS遥感技术。随着空间技术的飞速发展，遥感卫星的分辨率有了很大的提高。遥感信息的应用已从单一遥感资料向多时相、多数据源融合，从静态分析向动态监测发展，如土地利用、土地覆盖、能源需求和潜力、灾难应急反应等。高分辨率卫星遥感成为除航空摄影外的又一重要测绘信息源，对测绘产品形式改变和地图更新有着极大的促进作用。

2. 信息技术

计算机技术，是信息技术的核心，计算机技术使得测绘技术向数字化、自动化和智能化发展，计算机技术也成为测绘工作的重要技术手段，改变着传统测绘方式，如电子经纬仪、地图自动设计和电子制图及数据存储系统等等。

(1) 全自动测图系统。全自动测图系统是指在摄影测量中，采用GPS辅助空中三角测量、多片影像匹配转点、自检校光束平差和自动粗差探测技术，从数字影像自动重建空间三维表面，自动生成数字模型和影像的正射纠正，自动生成带等高线的影像图和三维透视景观影像，全自动测图系统的意义在于，极大地缩短了航测成图周期，减少或免除既费时又辛苦的航测外业工作，提高航测作业功效，充分满足用图的时效性。

(2) GIS地理信息系统。地理信息系统，是将空间数据和属性数据一体化管理、分析的技术系统。随着JAVA、虚拟现实等技术的发展，目前地理信息系统从二维向多维动态发展，由单台套向网络发展，由简单向面向对象的矢栅一体化复杂数据结构发展。作为空间数据管理重要手段的地理信息系统技术是建立基础地理信息系统技术的关键，成为数字化测绘产品设计的技术依据，贯穿在空间信息数据获取、处理和管理的全过程。

3. “3S”技术集成

GPS全球定位系统、RS遥感技术和GIS地理信息系统的集成，即“3S”技术集成。GPS主要用于实时、快速地提供目标的空间位置；RS用于实时快速地提供大面积地表物体及其环境的几何与物理信息及各种变化；GIS是对多种来源的时空数据的综合处理分析和应用的平台。“3S”技术集成带来了地球表面的时空模型，它不仅提供地面物体及其环境的几何信息，而且给出了空间位置，并通过应用平台对模型进行综合处理和分析，满足应用者的各种要求。

（三）测绘新技术在水利工程中的应用

1. GPS在水利工程中的应用

水利工程一般选址于深山沟壑之中，对测量来说，地形复杂，地表植被覆盖较多，通视条件较差，国家控制点稀少，光学仪器控制测量难度较大，利用GPS就能较好地解决这些问题，因为GPS接收机不受地形条件、气候、时间的限制和影响，能够及时准确地完成控制测量和其他定位工作，能大幅度减少或者免做像控点，减少测绘工作量，提高效率。水利施工测量的根本任务是点位的测设，其基本工作是已知长度、角、高程的测设，施工测量对地形图精度和放样的精度要求较高。因此大中型水利工程都要在施工区域内布设施工控制网，以网内控制点为基础进行由整体到局部的施工放样，使用GPS可以大量减少施工控制网中的中间过渡控制点。

在测设水工建筑物中，如果使用已包含有设计建筑物的数字地图，配合全站仪，测设某一点时只需用鼠标点定数字地图上的设计点就能得到该点的三维坐标，然后根据全站仪上的坐标显示，指挥棱镜移动直至坐标显示与设计点一致，就完成了该点的放样。从这一过程不难看出，应用数字地图施工放样，省去了从图纸上量取测设点的坐标等数值的过程，既减少了工作量，又避免了产生人为误差。在操作中，数字地图自动完成测设点数值的运算提取，由计算机控制全站仪等仪器，自动完成放样工作。这样的工作方式，具有快速准确和避免人为误差影响，提高放样精度和效率等特点。传统的水库库容计算一般采用手工计算，主要缺点是工作量大，计算时间长，精度差。而采用数字地图，由于数字地图可加大采集点的密度，能提高图上面积计算的精度，同时还可插绘等高线，增加计算机库容的层次，提高容积计算精度。较手工计算，只需要极少的时间就能计算出高精度的水库容量，供水库实时运行管理使用，实现水库的自动化管理。在大坝的变形监测中，用GPS代替经纬仪，对监测基准点的选点条件大为改善，用经纬仪必须保证基准点和国家控制点及观测点的通视，而GPS不需要点之间的通视条件，故避免了地形条件的影响，使得布点灵活方便。另一方面，GPS给出大坝水平位移和垂直位移等数值，从而便于分析，及时处理。

2. RS技术在水利工程勘测中的应用

利用遥感像片已成为编制和订正小比例尺地形图、像片图和专用图的重要手段，可直接进行水利工程的流域规划，根据像片判读进一步研究流域的地形特点、地质构造，以选择合适的坝址，确定水库淹没、浸润和坍塌范围，以及库区搬迁、淹没损失和经济赔偿等，即便在无人烟的地方，遥感像片也能提供信息。由此可见，利用遥感像片技术可明显减少野外工作量，提高成图速度，缩短成图时间。

3. GIS技术在水利工程中的应用

在大型的水利水电工程建设方面，遥感技术可以快速、经济和客观地为大型水利水电工程选址提供所需要的地理、地质、环境以及人文等各类信息，从而提高工作的效率和质量。GIS是水利水电工程选址、规划乃至设计、施工管理中十分重要的分析工具，例如移民安置地环境容量调查、调水工程选线及环境影响评价、梯级开发的淹没调查、水库高水位运行的淹没调查、大中型水利工程的环境影响评价、防洪规划、大型水利水电工程抗震安全、河道管理、大型水利水电工程物料储运管理、蓄滞洪区规划与建设等。水管部门通过利用GIS来绘制流域水系分布并把他们链接为数据库同时把每个元素，包括水库、管线节点以及系统附属物等定义。遥感是最重要的水资源监测手段之一，GIS则是重要的管理平台。通过遥感手段采集水资源数据，GIS技术进行分析可以监测水资源的污染程度。例如利用TM图像确定水生物（藻类）、赤潮的范围等。另外利用卫星遥感信息监测河口、河道、湖泊和水库泥沙淤积，可预测河道变化、河道发展趋势。

4.“3S”技术在水利工程中的应用

RS遥感技术、GPS技术与GIS的结合使测绘功能更加强大。通过卫星遥感技术监测流域内情况，结合GIS数据库形成实时监控系统，地理信息系统可以通过历史资料和有效的数字模型对区域内水资源数量、质量、供需预测分析、水土保持等方面进行及时的地质山洪灾害监测、预报和推测。“3S”技术集成为水资源普查、流域规划提供科学依据水资源普查、流域规划是水利建设的前提，它不仅提供流域地表及其环境的几何信息，而且能给出空间位置，根据需要建立水利建设地理信息系统，对水利建设所需的各种数据进行系统的输入、分析和处理，从而得到当地水资源的详尽资料。在此基础上建设者和决策者可进行较为科学的、更具有指导意义的流域规划。

测绘新技术得到越来越多地应用，为水利工程带来了高效、节省、精准的服务。因地制宜，在水利工程建设和管理工作中，如何更好地发挥新技术的作用，是每个测绘工作者努力的方向。

七、安全监测和安全评价技术

（一）安全评价概述

1. 安全和危险

安全和危险是一对互为存在前提的术语，危险是指系统处于容易受到损害或伤害的状态，常指危险或危险因素。安全是指系统处于免遭不可接受危险伤害的状态。安全的实质就是防止事故，消除导致死亡、伤害、急性职业危害及各种财产损失事件发生的条件。例如，在生产过程中导致灾害性事故的原因有人的误判断、误操作、违章作业，设备缺陷、安全装置失效、防护器具故障、作业方法不当及作业环境不良等。所有这些又涉及设计、施工、操作、维修、储存、运输以及经营管理等许多方面，因此必须从系统的角度观察、分析，并采取综合方法消除危险，才能达到安全的目的。

2. 事故

事故是指造成人员死亡、伤害、职业病、财产损失或其他损失的意外事件。意外事件的发生可能造成事故，也可能并未造成任何损失。对于没有造成死亡、伤害、职业病、财产损失或其他损失的事件可称之为“未遂事件”或“未遂过失”。因此，事件包括事故事件，也包括未遂事件。事故是由危险因素导致的，危险因素导致的人员死亡、伤害、职业危害及各种财产损失都属于事故。

3. 风险

风险是危险、危害事故发生的可能性与危险、危害事故严重程度的综合度量。衡量风险大小的指标是风险率（R），它等于事故发生的概率（P）与事故损失严重程度（S）的乘积，即

$$R=PS$$

由于概率值难以取得，因此常用频率代替概率，这时上式可表示为

风险率=(事故次数/时间)×(事故损失/时间)

式中，时间可以是系统的运行周期，也可以是一年或几年；事故损失可以表示为死亡人数、损失工作日数或经济损失等，风险率是二者之商，可以定量表示为百万工时死亡事故率、百万工时总事故率等，对于财产损失可以表示为千人经济损失率等。

4. 系统和系统安全

系统是指由若干相互联系的、为了达到一定目标而具有独立功能的要素所构成的有机整体。对生产系统而言，系统构成包括人员、物资、设备、资金、任务指标和信息等6个要素。

系统安全是指在系统寿命期内，应用系统安全工程和管理方法，识别系统中的危险源，定性或定量表征其危险性，并采取控制措施使其危险性最小化，从而使系统在规定的性能、时间和成本范围内达到最佳的安全程度。因此，在生产中为了确保系统安全，需要按系统工程的方法，对系统进行深入分析和评价，及时发现固有的和潜在的各类危险和危害，提出相应的解决方案和途径。

5. 安全评价

安全评价，国外也称为风险评价或危险评价，它是以实现工程和系统的安全为目的，应用安全系统工程的原理和方法，对工程和系统中存在的危险及有害因素等进行识别与分析，判断工程和系统发生事故和职业危害的可能性及其严重程度，提出安全对策及建议，制定防范措施和管理决策的过程。安全评价既需要安全评价理论的支撑，又需要理论与实际经验的结合，二者缺一不可。

6. 安全系统工程

安全系统工程是以预测和防止事故发生为中心，以识别，分析、评价和控制安全风险为重点，开发出来的安全理论和方法体系。它将工程、系统中的安全问题看做一个整体，应用科学的方法对构成系统的各个要素进行全面的分析，判明各种状况下危险因素的特点及其可能导致的灾害性事故，通过定性和定量分析。对系统的安全性作出预测和评价，将系统事故发生的可能性降至最低。危险识别、风险评价、风险控制是安全系统工程方法的基本内容。

（二）安全评价的内容和分类

1. 安全评价的内容

安全评价是一个利用安全系统工程原理和方法，识别和评价系统及工程中存在的风险的过程。这一过程包括危险危害因素及重大危险源辨识、重大危险源危害后果分析、定性及定量评价、提出安全对策措施等内容。安全评价的基本内容如图5-9所示。

（1）危险危害因素及重大危险源辨识。根据被评价对象，识别和分析危险危害因素，确定危险危害因素的分布、存在的方式，事故发生的途径及其变化的规律；按照《重大危险源辨识》（GB 18218—2000）标准进行重大危险源辨识，确定重大危险源。

（2）重大危险源危害后果分析。选择合适的分析模型，对重大危险源的危害后果进行模拟分析，为企业和政府监督部门制定安全对策措施和事故应急救援预案提供依据。

（3）定性及定量评价。划分评价单元，选择合理的评价方法，对工程、系统中存在的事故隐患和发生事故的可能性和严重程度进行定性及定量评价。

（4）提出安全对策措施。提出消除或减少危险危害因素的技术和管理对策措施及建议。

2. 安全评价的分类

通常根据工程及系统的生命周期和评价目的，将安全评价分为安全预评价、安全验收

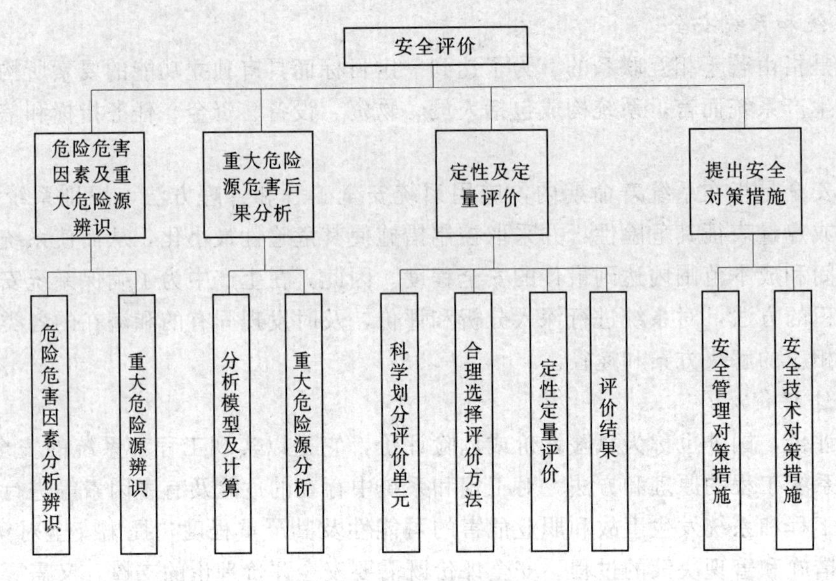

图5-9　安全评价的基本内容

评价、安全现状评价和安全专项评价4类。

（1）安全预评价。安全预评价实际上就是在项目建设前，应用安全评价的原理和方法对该项目的危险性、危害性进行预测性评价。安全预评价以拟建设项目作为研究对象，根据建设项目可行性研究报告的内容，分析和预测该建设项目可能存在的危险及有害因素的种类和程度，提出合理可行的安全对策措施及建议。

经过安全预评价形成的安全预评价报告，将作为项目报批的文件之一，同时也是项目最终设计的重要依据文件之一。安全预评价报告主要提供给设计单位、建设单位、业主及政府管理部门。在设计阶段，必须落实安全预评价所提出的各项措施。

（2）安全验收评价。安全验收评价是在建设项目竣工验收之前、试生产运行正常之后，通过对建设项目的设施、设备、装置实际运行状况及管理状况的安全评价，查找该建设项目投产后存在的危险、有害因素，确定其程度，提出合理可行的安全对策措施及建议。

安全验收评价是为安全验收进行的技术准备，最终形成的安全验收评价报告将作为建设单位向政府安全生产监督管理机构申请建设项目安全验收审批的依据。另外，通过安全验收，还可检查生产经营单位的安全生产保障，确认《安全生产法》的落实情况。

（3）安全现状评价。安全现状评价是针对系统及工程的安全现状进行的安全评价，通过评价查找其存在的危险和有害因素，确定其程度，提出合理可行的安全对策措施及建议对在用生产装置、设备、设施，储存、运输及安全管理状况进行的全面综合安全评价，是根据政府有关法规或生产经营单位职业安全、健康、环境保护的管理要求进行的。

（4）安全专项评价。安全专项评价是根据政府有关管理部门的要求，对专项安全问题进行的专题安全分析评价，如危险化学品专项安全评价、非煤矿山专项安全评价等安全专项评价一般是针对某一项活动或某一个场所，如一个特定的行业、产品、生产方式、生产工艺或生产装置等存在的危险及有害因素进行的安全评价，目的是查找其中存在的危险及有害因素，确定其程度，提出合理可行的安全对策措施及建议。

（三）安全评价的目的和意义

1. 安全评价的目的

安全评价的目的是查找、分析和预测工程及系统中存在的危险和有害因素，分析这些因素可能导致的危险、危害后果和程度，提出合理可行的安全对策措施，指导危险源的监控和事故的预防，以达到最低事故率、最少损失和最优的安全投资效益，具体包括以下四个方面。

（1）促进实现本质安全化生产。通过安全评价，系统地从工程、设计、建设、运行等过程对事故和事故隐患进行科学分析，针对事故和事故隐患发生的各种可能原因事件和条件，提出消除危险的最佳技术措施方案，特别是从设计上采取相应措施，实现生产过程的本质安全化，做到即使发生误操作或设备故障，系统存在的危险因素也不会因此导致重大事故发生。

（2）实现全过程安全控制。在设计之前进行安全评价，可避免选用不安全的工艺流程和危险的原材料以及不合适的设备、设施，或当必须采用时，提出降低或消除危险的有效方法。设计之后进行的评价，可查出设计中的缺陷和不足，及早采取改进和预防措施。系统建成以后运行阶段进行的系统安全评价，可了解系统的现实危险性，为进一步采取降低危险性的措施提供依据。

（3）建立系统安全的最优方案，为决策者提供依据。通过安全评价，分析系统存在的危险源及其分布部位、数目，预测事故发生的概率、事故严重度，提出应采取的安全对策措施等，决策者可以根据评价结果选择系统安全最优方案和管理决策。

（4）为实现安全技术、安全管理的标准化和科学化创造条件。通过对设备、设施或系统在生产过程中的安全性是否符合有关技术标准、规范以及相关规定进行评价，对照技术标准和规范找出其中存在的问题和不足，以实现安全技术、安全管理的标准化和科学化。

2. 安全评价的意义

安全评价的意义在于可有效地预防和减少事故的发生，减少财产损失和人员伤亡。安全评价与日常安全管理和安全监督监察工作不同，它是从技术方面分析、论证和评估产生损失和伤害的可能性、影响范围及严重程度，提出应采取的对策措施。安全评价的意义具体包括以下 5 个方面。

（1）安全评价是安全生产管理的一个必要组成部分。“安全第一，预防为主”是我国安全生产的基本方针，作为预测、预防事故重要手段的安全评价，在贯彻安全生产方针中有着十分重要的作用，通过安全评价可确认生产经营单位是否具备了安全生产条件。

（2）有助于政府安全监督管理部门对生产经营单位的安全生产进行宏观控制。安全评价将有效地提高工程安全设计的质量和投产后的安全可靠程度；安全验收评价根据国家有关技术标准、规范对设备、设施和系统进行综合性评价，提高安全达标水平；安全现状评价可客观地对生产经营单位的安全水平作出评价，使生产经营单位不仅可以了解可能存在的危险性，而且可以明确如何改善安全状况，同时也为安全监督管理部门了解生产经营单位安全生产现状，实施宏观控制提供基础资料。

(3) 有助于安全投资的合理选择。安全评价不仅能确认系统的危险性，而且还能进一步考虑危险性发展为事故的可能性及事故造成的损失的严重程度，进而计算事故造成的危害，并以此说明系统危险可能造成负效益的大小，以便合理地选择控制、消除事故发生的措施，确定安全措施投资的多少，从而使安全投入和可能减少的负效益达到平衡。

(4) 有助于提高生产经营单位的安全管理水平。安全评价可以使生产经营单位的安全管理变事后处理为事先预测和预防。通过安全评价，可以预先识别系统的危险性，分析生产经营单位的安全状况，全面地评价系统及各部分的危险程度和安全管理状况，促使生产经营单位达到规定的安全要求。

安全评价可以使生产经营单位的安全管理变纵向单一管理为全面系统管理，将安全管理范围扩大到生产经营单位各个部门、各个环节，使生产经营单位的安全管理实现全员、全面、全过程、全时空的系统化管理。

系统安全评价可以使生产经营单位的安全管理变经验管理为目标管理，使各个部门、全体职工明确各自的指标要求，在明确的目标下，统一步调，分头进行，从而使安全管理工作实现科学化、统一化及标准化。

(5) 有助于生产经营单位提高经济效益。安全预评价可减少项目建成后由于达不到安全的要求而引起的调整和返工建设；安全验收评价可将一些潜在事故隐患在设施开工运行阶段消除，安全现状评价可使生产经营单位较好地了解可能存在的危险并为安全管理提供依据。生产经营单位的安全生产水平的提高可带来经济效益的提高。

(四) 安全评价的程序

安全评价程序主要包括：准备阶段、危险危害因素识别与分析、定性及定量评价、提出安全对策、形成安全评价结论及建议、编制安全评价报告等，如图 5-10 所示。

1. 准备阶段

明确被评价对象和范围，收集国内外相关法律法规、技术标准及工程和系统的技术资料。

2. 危险危害因素识别与分析

根据被评价的工程和系统的情况，识别和分析危险危害因素，确定危险危害因素存在的部位、存在的方式、事故发生的途径及其变化的规律。

3. 定性及定量评价

在危险危害因素识别和分析的基础上，划分评价单元，选择合理的评价方法对工程和系统发生事故的可能性和严重程度进行定性及定量评价。

4. 提出安全对策

根据定性、定量评价结果，提出消除或减弱危险、危害因素的技术和管理措施及建议。

5. 形成安全评价结论及建议

简要地列出主要危险和有害因素的评价结果，指出工程、系统应重点防范的重大危险因素，明确生产经营者应重视的重要安全措施。

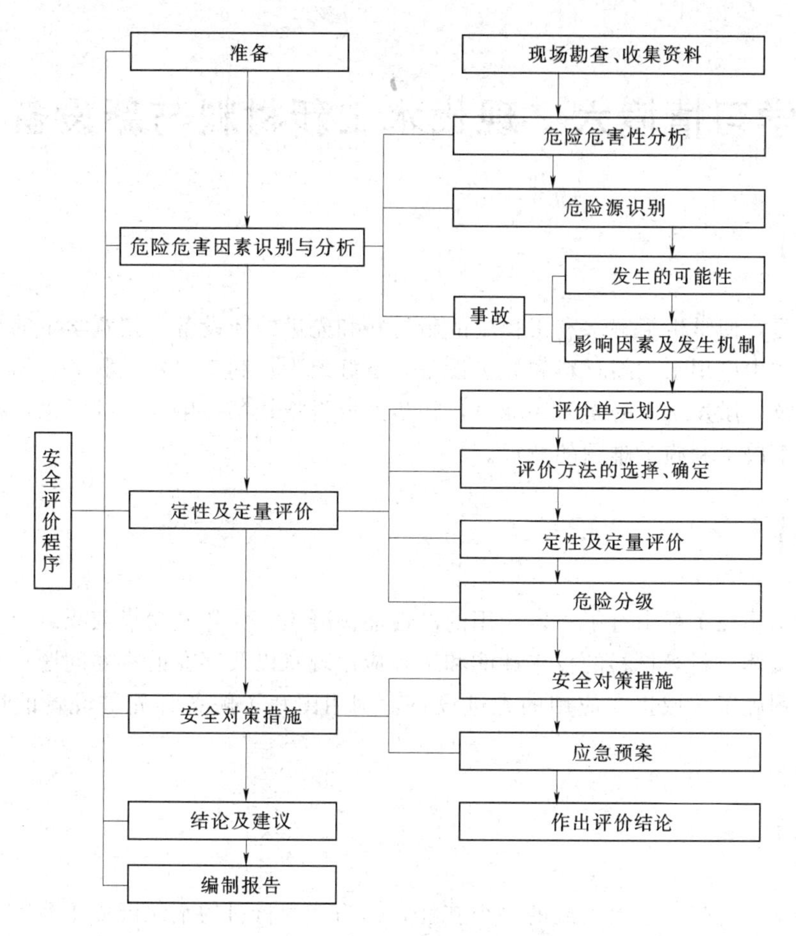

图 5-10　安全评价程序示意图

6. 编制安全评价报告

依据安全评价的结果编制相应的安全评价报告。

学习情境六 现代水工新材料与新设备

【学习目标】

通过学习，使学生了解水利工程中的新材料和先进的新设备，拓宽学生的视野，以便在今后的工作中应用水工新材料和先进设备，更好地为水利工程建设服务。培养学生对新科技的求知欲，激发学生的学习兴趣对，初步形成科技是第一生产力的观念，树立用现代技术更好地解决水利施工难题的意识。

【学习任务】

了解和掌握在工程中有了一定应用的高性能混凝土、大掺量粉煤灰混凝土、土工合成材料、新型墙体材料等材料的技术性能和工程应用现状以及存在的主要问题。了解世界各国在土木工程施工领域正在应用的先进设备，利用图片了解各种先进设备的性能及应用条件。

【任务分析】

材料科学是近代工业大发展的一个支柱，作为工程材料的水泥混凝土及其相关的建筑材料在汲取各种新材料的养分而蓬勃发展。近年来，我国筑坝水平有突飞猛进的提高，很多水工建筑物的规模已跃居世界第一位，一些被世界坝工权威、专家定为“难以克服”的技术难题也已被相继征服，我国已成为世界坝工建设的中心。

当今水工新材料的研究向着水下修补材料和快固化、防腐蚀、抗冲磨混凝土表面防护涂层的方向发展，研究开发水下环氧砂浆（混凝土）、水下快速密封剂、丙烯酸盐灌浆材料和快固化、防腐蚀、抗冲磨混凝土表面保护涂层等新材料。这些水工新材料适用于水下混凝土如坝面、消力池、桥墩等水下部位的薄层修复，水下混凝土裂缝、伸缩缝的密封和补强加固，混凝土水下化学灌浆前的灌浆管埋设及封面止封处理以及隧洞止水，混凝土渗水裂隙防渗堵漏，坝基岩石裂隙防渗帷幕灌浆，土壤加固和喷射混凝土施工等，应用前景较为广泛。

随着我国国民经济的发展，许多世界级高难度的大型和超大型水利枢纽工程已开始或着手兴建。这些工程中大量应用到新技术和新材料，先进高效的机械化施工成为水利水电施工的主要手段，决定着施工生产的质量、工期和成本。搞好先进施工机械的使用管理，充分发挥先进施工机械的作用，已成为施工企业提高竞争能力、立足市场的重要条件。

【任务实施】

一、新型混凝土外加剂

混凝土外加剂是指在拌制混凝土过程中掺入的用以改善混凝土性能的物质，其掺量一般不大于水泥质量的5%（特殊情况除外），是混凝土中除水泥、砂、石和水之外不可缺少的第5种组分。在混凝土中使用外加剂已被公认是提高混凝土强度、改善混凝土性能、节省生产能耗、保护环境等方面的最有效措施。

（一）混凝土外加剂发展历史

混凝土外加剂作为产品在混凝土中应用的历史大约有80～90年，发展状况如下：

（1）1824年英国的I. Aspdin获得波特兰水泥专利，水泥混凝土得到了广泛的应用。

（2）1962年日本的服部健一首先将萘磺酸甲醛缩合物（$n\approx10$）用于混凝土分散剂，1964年日本花王石碱公司将其作为产品销售。

（3）1963年联邦德国研制成功三聚氰胺磺酸盐甲醛缩合物，同时出现了多环芳烃磺酸盐甲醛缩合物。

（4）1966年日本首先应用高强混凝土，开始生产预应力混凝土桩柱。

（5）1971—1973年，德国首选将超塑化剂研制成功流态混凝土，混凝土垂直泵送高度达到310m。

（6）20世纪90年代初美国首选提出高性能混凝土（HPC）概念，是新型超塑化剂与混凝土材料科学相结合的成功范例。

（7）目前混凝土外加剂的发展方向是HPC及使用复合超塑化剂（CSP）的研究，实现HPC配合比全计算法设计和CSP配方设计。

以上均是国外混凝土外加剂的发展概况，而中国混凝土外加剂的发展是20世纪50年代初期到60年代为发展的起步阶段，大量应用氯化钙早强剂；20世纪70年代到80年代中期为第二个发展阶段，大量研究外加剂，特别是减水剂的高潮。几乎国外常用类型中国也都研究成功，但在质量上还有一定差距；20世纪80年代到90年代中期为第三个发展阶段，以标准化为中心规范外加剂质量，推动外加剂应用技术发展；20世纪90年代至今为第四个发展阶段，混凝土外加剂走向高科技领域，复合型外加剂、新高性能外加剂也逐步投产使用。

（二）混凝土外加剂的种类

混凝土外加剂的分类可由作用、效果或使用目的为主来区分；也可由材料的组成、化学作用或物理化学作用来区分。

外加剂按其主要功能，一般分为4类：

（1）改善混凝土拌和物流变性能的外加剂。包括减水剂、引气剂和泵送剂。

（2）调节混凝土凝结时间、硬化性能的外加剂。包括缓凝剂、早强剂和速凝剂。

（3）改善混凝土耐久性的外加剂。包括引气剂、防水剂和阻锈剂等。

（4）改善混凝土其他性能的外加剂。包括加气剂、膨胀剂、防冻剂、着色剂、防水剂和泵送剂。

（三）混凝土外加剂的作用与应用

随着社会的发展，建筑施工技术不断进步，混凝土外加剂在工程的应用中越来越受到重视，外加剂的添加对改善混凝土的性能起到了一定的作用，下面主要介绍外加剂的作用原理。各类外加剂都有各自的特殊功能。综合起来，外加剂可以在以下方面发挥作用：

①对新拌混凝土工作性能的作用；②对混凝土强度的作用；③对水泥混凝土耐久性的作用。

外加剂的应用范围十分广泛，在以下条件都可以使用外加剂。养护条件下的混凝土制品或构件，掺用减水剂能改善和易性，或者提高强度。冬季现场浇筑混凝土施工时，可掺用早强剂或早强剂减水剂。夏季滑模施工、水坝等大体积工程中，可掺用缓凝剂或缓凝型减水剂以延缓水泥热过程，可减少收缩裂缝而保证混凝土质量。喷射混凝土、放水堵漏工程中可掺用速凝剂，使混凝土很快凝结。港工、水工混凝土可掺用引气剂、减水剂以降低水泥用量，提高混凝土和易性或耐久性。

（四）缓凝剂

缓凝剂是一种能延长混凝土凝结时间的外加剂。缓凝减水剂则兼有缓凝和减水功能的外加剂，目的是用来调节新拌混凝土的凝结时间。缓凝剂可以根据要求使混凝土在较长时间内保持塑性，以便浇筑成型或是延缓水化放热速率，减少因集中放热产生的温度应力造成混凝土的结构裂缝。在流化混凝土中，缓凝剂可用来克服高效减水剂的坍落度损失，保证商品混凝土的施工质量。随着混凝土质量的提高以及高性能混凝土的问世，商品混凝土使用范围不断扩大，缓凝减水剂及缓凝高效减水剂得到了日益广泛的应用。

1. 缓凝剂的作用机理

缓凝剂主要用于延缓水泥的水化硬化速度，以便新拌混凝土在较长时间内保持可塑性。当水泥水化时，其水化反应同时在水泥颗粒的众多界面上进行，并且处于的环境又是在某些介质（水泥矿物、水化物及外加剂等）存在的条件下，因而有利于胶体的形成。当溶解—水化—晶体过程发展到一定阶段，水泥—水体系就会形成大量的凝胶体。水化产物增多，结晶逐渐析出，以至互相啮合形成网状结构而不能自由移动。这时外观表现出失去流动性，这就是一般所说的凝结。

一般来讲，多数缓凝剂有表面活性，它们在固—液界面上产生吸附，改变固体粒子表面性质；或是通过分子中亲水基团吸附大量水分子形成较厚的水膜层，使晶体从相互接触到触碰，改变了结构形成过程；或是通过其分子中的某些官能团与游离的钙离子生成难溶性的钙盐吸附于矿物颗粒表面，从而抑制水泥的水化过程，起到缓凝的效果。大多数无机缓凝剂能与水泥生成复盐（如钙矾石），沉淀于水泥矿物颗粒表面，抑制水泥水化。

缓凝剂的作用比较复杂，至今尚未形成统一完整的理论。根据目前已有的资料，缓凝剂对水泥的作用机理可以归纳为如下几种假说。

(1) 沉淀假说。这种学说认为有机或无机物在水泥颗粒表面形成一层不溶于水质的薄层，阻碍水泥颗粒与水的进一步接触，因而害怕水化反应进程被延缓。首先抑制铝酸盐组分的水化速度，对硅酸盐组分的水化也起一定的抑制作用，C—S—H、$Ca(OH)_2$ 形成过程变慢。

(2) 络盐假说。无机盐缓凝剂分子与溶液中的钙离子形成络盐，因而抑制了

$Ca(OH)_2$晶体的析出，由于水泥颗粒表面形成这样一层厚实而无定形的络合物膜层，阻止水渗入水泥颗粒表面形成这样一层厚实而无定形的络合物层。

(3) 吸附假说。由于水泥颗粒表面拥有较强的吸附性，水泥颗粒表面吸附缓凝剂，形成一层水泥水化的缓凝剂膜层，阻碍了水泥的水化进程。

2. 缓凝剂的种类与性能

目前在混凝土中使用的缓凝剂品种也较多。按其生产成分，可以分为工业副产品类及纯化学品类。按其化学成分来分又可分为：无机盐类、羟基酸盐类、多羟基碳水化合物类、木质素磺酸盐类等。

水泥凝胶体凝聚过程的发展取决于水泥矿物的组成和胶体粒子间的相互作用，同时也取决于水泥浆体中电解质的存在状态。如果胶体粒子之间存在相当强的斥力，水泥凝胶体系将是稳定的，否则将产生凝聚。电解质能在水泥矿物颗粒表面构成双电层，并阻止粒子的相互结合。当电解质过量时，双电层被压缩，离子间的引力强，水泥凝胶体开始凝聚。

无机类缓凝剂，往往是在水泥颗粒表面形成一层难溶的薄膜，对水泥颗粒的水化起屏障作用，阻碍了水泥的正常水化。这些都会导致水泥的水化速度减慢，延长水泥的凝结时间。缓凝剂对水泥缓凝的理论主要包括吸附理论、生成络盐理论、沉淀理论和控制$Ca(OH)_2$结晶生产理论。绝大多数无机缓凝剂都是电解质盐类，电解质能在水泥矿物颗粒表面形成双电层，并阻止粒子的相互结合。若胶体粒子外界低价离子浓度较高时，可以将扩散层中的高价离子置换出来，从而使动电电位绝对值增大，颗粒斥力增大，水泥浆体的流动能力提高。

多数有机缓凝剂有表面活性，它们在固液界面产生吸附，改变固体粒子表面性质，即亲水性。由于吸附作用，它们分子中的羟基在水泥粒子表面，阻碍水泥水化过程，使晶体相互接触受到屏蔽，改变了结构形成过程。如葡萄糖吸附在C_3S表面生成吸附膜，因此掺0.1%葡萄糖使水泥凝结时间延长70%。对羟基羧酸及其盐的缓凝作用，用络合物理论解释更为合适。因为羟基羧酸盐是络合物形成剂，能与过渡金属离子形成稳定的络合物，而与碱土金属离子只能在碱性介质中形成不稳定络合物。缓凝剂分子在水泥离子上的吸附层的存在，使分子间的作用力保持在厚的水化层表面上，使水泥悬浮体也有分散作用。它们不但在原胶凝物质的粒子表面吸附，而且在水化和硬化过程中吸附在新相的晶胚上，并使其稳定。这种稳定阻止结构的形成，会导致水泥的水化速度减缓。缓凝剂通过在原化合物和最终化合物上的吸附作用，改变了饱和溶液中晶胚生成的速度，进而控制了胶凝物的水化和硬化过程。在合理掺量范围内（0.01%～0.20%）甚至可以增加后期强度。缓凝作用的机理另一观点认为，缓凝剂吸附在氢氧化钙核上，抑制了其继续生长，在达到一定过饱和度之前，氢氧化钙的生长将停止。这个理论中重点放在缓凝剂在$Ca(OH)_2$上的吸附，而不是在水化产物上吸附。但是，研究表明仅仅抑制或改变$Ca(OH)_2$生长状态不足以引起缓凝，而更重要的是缓凝剂分子在水化的C_3S上的吸附。

3. 缓凝剂对混凝土性能的影响

(1) 对新拌混凝土的影响。缓凝剂对混凝土凝结时间的影响与缓凝剂的种类、掺量、掺加方法以及水泥品种、混凝土配合比、使用季节和施工方法等条件有关。木钙、糖钙等缓凝剂掺入混凝土中，在适量掺量范围内，混凝土拌和物的和易性均可获得一定的改善，其流动性能随缓凝剂的掺量增加而增大，从而提高了拌和物的稳定性和均匀性，对防止混凝土早期收缩和龟裂较为有利。

（2）对硬化混凝土性质的影响。缓凝剂对混凝土的作用一般是物理作用，即它们不参与水泥的水化反应，也不产生新的水化产物，只是在不同程度上凝缓反应的进程，类似于惰性催化剂的作用。因此它们对混凝土强度的影响主要来自于对硬化后结构的改变。

（3）对耐久性的影响。混凝土中掺入适量缓凝剂会对耐久性有不同程度的改善，这主要是因为缓凝剂减慢了混凝土早期强度的增长，从而使水泥水化更充分，水化产物分布更均匀，凝胶体网架结构更致密，因而提高了混凝土的抗渗性能和抗冻性，耐久性。另外，部分缓凝剂因兼具有减水功能，可以明显降低混凝土单位用水量，减小水灰比，使混凝土内部结构更加密实，强度进一步增加，这对提高混凝土的耐久性也十分有利。

（4）专用缓凝剂对湿拌砂浆的影响。缓凝剂能延缓水泥的水化硬化速度，使新拌砂浆在较长时间内保持塑性，以便于施工操作。湿拌砂浆是在专业生产厂经计量、拌制后，用搅拌运输车运至使用地点，然后放入专用容器储存，随用随取。目前，湿拌砂浆大多由混凝土搅拌站供应，与混凝土相比，砂浆用量要少得多，搅拌站通常集中在某段时间内拌制砂浆，然后运到工地，因此一次运输量往往较大。而目前我国建筑砂浆施工大部分为手工操作，施工速度较慢，运到工地的砂浆不能很快使用完，需放置较长时间，甚至一昼夜，这就要求砂浆能在较长时间内不凝结，以便于施工操作，避免浪费。因此，湿拌砂浆中常掺用缓凝剂来调整砂浆的凝结时间，具体品种、掺量可根据施工、天气、交通等情况通过试验确定。湿拌砂浆为什么要用专用缓凝剂？普通水泥砂浆或水泥石灰混合砂浆中的水泥一般为普通硅酸盐水泥，其初凝时间为 2 小时，终凝时间为 3～4 小时，所以，砂浆的凝结时间在 3～8 小时。湿拌砂浆的特点是一次生产量大，而目前现场施工大部分为手工操作，施工速度较慢，因此湿拌砂浆在工地不会很快被使用完，需要储存在密闭容器中，在规定时间内逐步地使用完。因此，需采用专用缓凝剂来延长湿砂浆的可操作时间。湿拌砂浆的凝结时间可根据要求划分为 8 小时、12 小时和 24 小时。

4. 超缓凝剂与普通缓凝剂的不同

普通缓凝剂一般只能缓凝几小时至十几小时，如加大掺量就会导致水泥石强度急剧降低，甚至松溃无强度。国外报道的各类超缓凝剂，其缓凝效果一般小于 48 小时，且均不同程度地存在后期强度损失的现象。超缓凝剂是一种特殊的水泥外加剂，它掺入混凝土或砂浆中，可使混凝土或砂浆在一定温度范围内（10～35℃）和一定时间（20～42d）内不凝结。即使水泥水化处于“休眠”状态，待“休眠”状态结束后仍继续水化硬化，并不破坏水泥石的结构。由于该超缓凝剂具有这一特殊性能，因此可用于配制超长时间缓凝砂浆。

5. 缓凝剂及缓凝减水剂的工程应用

（1）三峡工程：三峡工程是我国目前最大的水电工程，所使用的外加剂为缓凝引气型减水剂。

（2）乌溪江水电站：混凝土中采用蜜糖缓凝减水剂及转化糖蜜减水剂分别用于夏季与冬季施工。糖蜜缓凝减水剂改善了混凝土的工作性，便于施工振捣，提高混凝土的密实性，其突出的特点是可以适当延长混凝土的凝结时间。

缓凝剂适用于要求延缓时间的施工中，如在气温高、运距长的情况下，可防止混凝土拌和物发生过早坍落度损失；又如分层浇筑的混凝土，为了防止出现冷缝，常加缓凝剂；另外，在大体积混凝土中为了延长放热时间，也可加入缓凝剂。

二、聚合物改性水泥砂浆

（一）聚合物改性水泥砂浆的研究与应用

聚合物改性水泥砂浆（Polymer Cement Mortar，PCM）是水泥砂浆与高分子聚合物进行复合改性，改善水泥砂浆性能的途径之一，是在水泥砂浆成型过程中掺加一定量的聚合物，从而改善水泥砂浆的性能，提高水泥砂浆的使用品质或者使水泥砂浆满足工程的特殊需要。它以水泥水化物和聚合物两者作为胶结材料。用普通水泥砂浆的施工方法，所需设备简单，操作方便。与普通水泥砂浆及其他的水泥砂浆改性措施相比较，具有使水泥砂浆力学性能改善、脆性降低、耐久性一定程度提高、黏结性能提高、工艺过程简单、使用方便等的优点。近年来，聚合物改性水泥砂浆是从事建筑材料科学领域研究的许多专家学者主要研究的对象之一。聚合物改性水泥砂浆与树脂水泥砂浆和聚合物浸渍水泥砂浆相比，研究的历史更长，投入商业市场的时间也最长。

里夫布尔在1923年申请并于次年获得了用天然橡胶乳液改性水泥材料的专利。1932年邦德获得用人造橡胶乳液改性水泥砂浆及混凝土的专利。20世纪40—50年代，人们已经知道在水泥砂浆里掺入一定的聚合物可以解决一些普通水泥砂浆遇到的问题，并且人们对聚合物用于水泥砂浆改性进行了研究与尝试，发明了多种合成聚合物乳液进行改性水泥砂浆的专利，并把橡胶改性水泥砂浆应用到船舶、桥梁、地面和道路的面板涂层，作为防腐和黏结材料。60年代以后，除将合成乳液用于对水泥混凝土进行改性外，人们又研究把多种聚合物，例如聚苯乙烯、聚丙烯酸酯、聚氯乙烯等用于水泥砂浆改性；60—70年代以后，人们又开始研究应用不同形态的聚合物，例如应用聚合物单体、树脂、聚合物乳液、聚合物干粉等对水泥砂浆进行改性；80年代至今，世界范围对这一领域研究开发的兴趣与日俱增，不仅对各种聚合物的改性效果进行较深入的研究，而且对聚合物改性机理、聚合物与水泥及其水化产物之间的作用机理等进行了较为深入的分析研究，并取得了一定的科研成果。

自20世纪60年代，国际混凝土学术界已举办了多次聚合物混凝土国际会议。1971年美国混凝土协会（American Concrete Institute，称ACI）成立了聚合物混凝土委员会以后，从1979年开始，每隔3年左右即组织召开一次聚合物混凝土的国际学术讨论会，1990年第六届聚合物混凝土国际学术讨论会在我国上海同济大学召开，会议极大推动了我国在这一领域的研究。2000年10月又在同济大学召开了第三届亚洲聚合物混凝土国际会议。在这些会议中，发表了许多关于聚合物改性水泥砂浆开发研究的最新成果。

近年来，世界范围内对聚合物用于改性水泥砂浆的兴趣越来越浓厚。目前，在这一领域的研究、开发应用上比较领先的国家有德国、日本等，其他国家还有法国、意大利、英国、南非、挪威、波兰、瑞典、墨西哥等。包括日本、欧盟成员国在内的许多国家还制定了聚合物改性水泥砂浆试验和质量检测的行业标准。例如日本JISA 1171—1174、A6203有关聚合物改性水泥砂浆实验室试样成型、强度试验、坍落度试验、容重及孔隙率试验标准及用于水泥砂浆改性的聚合物性质试验标准。

我国将天然聚合物用于古建筑已有悠久的历史，用糯米汁及榆树叶汁拌石灰砌城墙即为一例。但是在我国聚合物改性水泥砂浆的应用始于20世纪50年代末，早期多采用天然橡胶乳液（NR）、PVAC等。自80年代以来，多用乙烯-乙酸乙烯共聚乳液EVA、PAE、SBR等改性水泥砂浆进行结构修补、外墙瓷砖粘贴等方面。20世纪60—70年代才开始研究掺天然胶乳、丁苯胶乳、氯丁胶乳、氯偏胶乳和丙烯酸酯共聚乳液的聚合物改性水泥砂浆的性能，并应用于某些有特殊要求的工程中，收到一定的效果。现在，随着研究的深入和聚合物种类的增多以及人们对住宅建筑质量要求的提高，聚合物改性水泥砂浆在我国的应用范围也在逐渐向多个应用方向拓展。而且我国虽然在聚合物改性水泥砂浆方面的研究开发起步较晚，但正向世界先进水平迈进。

随着聚合物改性水泥砂浆日益受到广泛地应用，其应用范围也逐渐扩展。在国外，聚合物改性水泥砂浆已应用到建筑领域的各个方面，其典型应用包括如下几个方面：瓷砖粘接剂和建筑粘接剂、瓷砖勾缝剂、保温隔热系统粘接剂和底涂砂浆、自流平砂浆和找平砂浆、混凝土修补砂浆和混凝土修复体系、所有的饰面砂浆、抹灰砂浆和无机饰面涂层、石灰水泥基涂料和无水泥粉末涂料、密封灰浆、填缝料等。在新加坡，聚合物改性水泥砂浆已广泛用于政府的公共住宅工程，收到了很好的社会经济效益。聚合物改性水泥砂浆在德国也已被广泛应用于建筑工程，例如用作砌筑砂浆、抹灰砂浆、装饰砂浆、自流平砂浆、外墙外保温砂浆等各个方面。每年大约应用1100万t左右，其中聚合物干粉改性水泥砂浆［也有的称为预混（干）砂浆或干混砂浆］占其总量的80%以上。

（二）聚合物改性水泥砂浆的发展方向

目前，世界各国正在以下几个方面对聚合物改性水泥砂浆进行研究和改性：通过改善聚合物的性能、改革工艺来提高聚合物改性水泥砂浆的性能，降低其造价；利用掺加钢纤维、玻璃纤维等材料进行增强，以进一步改善其性能；进一步研究聚合物改性水泥砂浆的各种性能以及各种影响因素与性能之间的关系；研究聚合物改性水泥砂浆的微观结构与宏观性能的关系，分析聚合物改性机理；对其专门术语、试验方法及工艺设计进行标准化制订。

（三）聚合物的应用特性及基本要求

聚合物是指由许多大分子组成的物质。按照不同的分类方法，聚合物可以分成不同的类别。按照其分子结构形式，聚合物可分为线型结构、支链型结构和交链型结构3种。线型结构聚合物如果是由一种单体聚合形成的，则称为均聚物；如果是由两种及两种以上的单体所聚合形成的，则称为共聚物。由于其分子链段运动的不同，聚合物呈现出不同的弹性和柔顺性。弹性体一般具有线型结构，分子间交链度较低，分子内旋自由，因而表现出良好的柔顺性；热固性聚合物分子间交链度高，可形成体型网状结构，分子内旋受阻，因而表现出刚性很强、耐热性好、脆性大的特点；热塑性聚合物分子交链度居中，其性能也处于二者之间。温度升高，分子热运动能量增大，分子的内旋及构象变化更容易，分子链就变得柔顺，表现出弹性增加；反之，温度降低，柔性聚合物也会变成刚性。一般无定性聚合物随温度变化呈现出3种力学状态即：玻璃态、高弹态和黏流态。聚合物的物理性能对硬化后的聚合物改性水泥砂浆的性能具有重要影响。

用于改性水泥砂浆的聚合物的典型物理特性是其玻璃化转化温度（Tg），当温度高于

Tg时，材料行为类似橡胶，受载时产生弹性变形；当温度低于Tg时，材料行为类似玻璃，易于产生脆性破坏。热固性聚合物的Tg值相对较高，弹性体聚合物的Tg值较低，热塑性聚合物的Tg值居于二者之间。用于改性水泥砂浆的聚合物，其Tg值的重要意义在于聚合物弹性或塑性将对改性的水泥砂浆性能产生影响，配制聚合物改性水泥砂浆时，应根据不同用途及使用环境选择不同Tg值的聚合物。

聚合物的另一个特征是其最低成膜温度（MFT），它是聚合物形成连续膜的最低温度。如果水泥水化温度低于该值，所供给的能量不足以开始成膜，这时聚合物将以间断的颗粒形式存在于水泥砂浆中。只有当水泥水化温度高于聚合物最低成膜温度MFT（如苯丙乳液MFT约为30℃），聚合物才可以形成均匀的膜结构，分布于水泥水化产物之间，它才能在有应力时起到架桥作用，有效吸收和传递能量，从而抑制裂纹的形成和扩展。用于改性水泥砂浆中的聚合物，其最低成膜温度MFT应比养护温度低。

聚合物改性水泥砂浆所用的水泥和骨料类同于普通水泥砂浆，但一般而言，用于水泥砂浆改性的聚合物必须满足下列的基本要求：

（1）不影响水泥的黏结性能（当然能改善水泥的黏结性能更佳），对水泥的黏结性能和流动塑性无交互影响。

（2）聚合物本身不被水泥破坏，即聚合物不受水泥的强碱性（pH值为11～13）影响。

（3）能改进水泥砂浆的性能。

（四）用于水泥砂浆的聚合物的分类和改性效果

掺入水泥砂浆的聚合物可以是由一种单体聚合而成的均聚物，也可以上由两种或更多的单体聚合而成的共聚物。用于水泥砂浆改性的聚合物形态及聚合物种类按其性质和状态一般可以分为以下4种类别。

（1）聚合物乳液（聚合物水分散体）：

1）橡胶乳液。其中包括天然橡胶乳液（NR）和合成橡胶乳液，如丁苯橡胶（SBR）、氯丁橡胶（CR）、丁腈橡胶（NBR）、聚丁二烯橡胶（BR）、甲基丙烯酸甲酯-丁二烯乳液（MBR）等。

2）树脂乳液。其中包括热塑性树脂乳液，如聚丙烯酸酯（PAE）、聚醋酸乙烯酯（PVAC）、乙烯-醋酸乙烯酯（EVA）、聚氯乙烯-偏氯乙烯乳液（PVDC）、聚丙酸乙烯酯乳液（PVP）、聚丙烯（PP）等；热固性树脂乳液，如环氧树脂乳液、不饱和聚酯树脂乳液等；沥青质乳液，如沥青乳液、橡胶沥青乳液、石蜡乳液、煤焦油等。

3）混合分散体。即将几种乳液混合使用，如混合橡胶乳液、混合树脂乳液等。

（2）聚合物干粉。如聚乙烯、脂肪醇、甲基纤维素（MC）、有机硅、聚丙烯酰胺、聚乙烯醇（PVA）、尿醛、聚丙烯酸盐-聚丙烯酸钙及三聚氰胺-甲醛等。

（3）聚合物液体树脂。如不饱和聚酯、环氧树脂、酚醛树脂等。

（4）聚合物单体。如环氧树脂等。当聚合物以乳液的方式加入到水泥砂浆中，叫做乳液改性水泥砂浆（LMM），聚合物乳液在水泥砂浆拌和成型时拌入，其在水泥砂浆凝结硬化过程中脱水，并形成结构，有时会影响水泥的水化过程及水泥砂浆的结构，从而对水泥砂浆的性能起到改善作用。这是现在PCM中应用最普遍的形式。聚合物可以是单聚体、双聚体或多聚体，聚合物乳液中一般还含有乳化剂和稳定剂等，总固体成分含量一般在40%～70%。应用时，往往是在施工现场把水泥，砂、聚合物乳胶和水混合配制而成。应用方法非常简单，但常因砂浆的质量难以控制，如所用砂子质量差、拌和不充分、配合比不当、乳液不稳定而带来的质量问题。

聚合物干粉改性的方法是在水泥砂浆拌和过程中加入聚合物干粉，在混合料与水拌和后，聚合物干粉遇水变为乳液，在水泥砂浆凝结硬化过程中乳液可再一次脱水，聚合物颗粒在其中形成聚合物体结构，从而与聚合物乳液的作用过程相似，对水泥砂浆起到改性作用。应用时，预先把级配砂石、水泥、聚合物干粉以及其他辅加剂混合包装好，现场施工时只需加入一定量的水既可获得性能较好的聚合物改性水泥砂浆。现场施工时，由于只需向聚合物干粉改性的水泥砂浆中加入适量的水即可，因而减少了配料差错。其具有比液体易于包装、储存、运输和供应，抗冻和无生霉、生细菌的问题，以及可与水泥和砂等预拌包装制成单组分产品，加水即可使用的优点。

液体树脂改件的方法是在水泥砂浆拌和过程中加入热固性的预聚物或半聚物液体，在水泥砂浆凝结硬化过程中进一步聚合，使得全部聚合过程得以完全完成，形成聚合物体结构，从而改善水泥砂浆的性能。聚合物单体改性的方法是在水泥砂浆拌和过程中加入聚合物单体，聚合全过程在水泥凝结硬化过程中完成。相对于前面两种情况而言，液体树脂改性的方法和聚合物单体改性的方法应用的并不广泛。

（五）聚合物改性影响因素

通过对聚合物改性水泥砂浆的性能及其影响因素的研究发现，一般来说，除水泥品种和用量外，对聚合物改性水泥砂浆性能影响最大的就是聚合物种类、掺量和养护条件。一定掺量的聚合物会改善水泥砂浆的物理性能，减少用水量，改善砂浆流动性、和易性，提高砂浆含气量和保水性，改善砂浆气孔结构，降低砂浆毛细孔吸水率等。一般认为聚合物改性水泥砂浆相对于普通水泥砂浆，弹性模量、抗压强度有所降低，抗折强度、黏接强度增大。强度的变化与聚合物乳液的稳定性、颗粒的尺径及养护条件有关。聚合物种类不同、掺法掺量不同，对砂浆性能影响也不同。聚合物与掺合料（如硅灰、偏高岭土、粉煤灰、矿渣粉等）共掺对砂浆力学性能的改善超过单掺掺合料或聚合物时的效果。聚合物改性水泥砂浆一般还具有良好的抗氯离子渗透性、防水渗透性、抗硫酸盐侵蚀性、耐磨性、抗冻融性能等。聚合物对水泥砂浆的热力学性能也有一定的影响，一般会降低水泥砂浆的热稳定性、热膨胀系数和热传导性，增加砂浆的比热，影响效果取决于聚合物的种类和掺量。人们对聚合物改性水泥砂浆机理的认识还不尽相同，一种观点认为主要是聚合物网状膜和聚合物颗粒的物理行为，另一种观点则认为除了上述物理过程外，聚合物与水泥水化物发生化学反应形成螯合物起着主要作用。

（六）聚合物乳液和聚合物干粉的成膜特点

在改性水泥砂浆的聚合物中，聚合物乳液和聚合物干粉是最为常用的两种聚合物形态。其中，聚合物乳液是目前聚合物改性水泥砂浆中应用最多的聚合物形态，其为双相体系，是由微小的聚合物液滴均匀地分散在水或其他溶剂中形成的，外观常为牛奶状（牛奶即是一种乳液分散体），主要成分有聚合物颗粒（颗粒尺寸在0.1～1μm之间）、乳化剂、稳定剂、分散剂等和水，其中固体成分的含量在40%～70%。当聚合物乳液中的水被除去时，聚合物颗粒则相互靠近，颗粒间通过分子力的作用，相互联结在一起，形成连续的整体，这一过程称为聚合物乳液 的固态化或成膜过程。干固后，聚合物乳液会形成塑料薄膜。如同牛奶可制成奶粉一样，乳液分散体可被干燥成粉状而不必成膜，常见的工艺过程为“喷雾干燥过程”。过程的产物即称为“聚合物干粉”。如果经过正确喷雾干燥过程（以及选用适当的添加剂），聚合物干粉就成为“可再分散聚合物干粉”。其含义是：经过喷雾干燥的聚合物干粉如果再次与水混合，则可得到与原乳液分散体一样的乳液。

三、灌浆新材料

采用灌浆技术已经有100年的历史。灌浆是把浆液灌入土壤或岩石地基中的空隙、裂隙、缝隙或洞穴用以减少渗透性，增加强度或减少地基变形等。近几十年来，随着工程建设的实践和新技术的开发，灌浆材料、施工工艺、施工设备和效果检测等方面，都取得了重大的进展，在水利水电建设中得到了广泛应用，包括：①控制渗漏，减少水工建筑物基础下地基的渗透性；②增加建筑物地基的强度，减少地基变形；③抬高和整平倾斜建筑物；④充填岩石和隧洞衬砌间的空隙；⑤修复和加固暨建建筑物；⑥固定岩石预应力锚索；⑦混凝土结构物裂缝的加固处理。灌浆材料根据所制成的浆液状态，可以分为：固粒状浆材和化学浆材。

（一）固粒状灌浆材料

固粒状灌浆材料具有如下特性：

（1）颗粒细。要具有一定的细度，以便进入裂隙，其粒径小于裂隙宽度的1/3才宜奏效。

（2）浆液稳定性好。固体颗粒材料与水混合后，其颗粒在一定时间内应保持呈均匀分散的悬浮状态，并具有较好的稳定性和流动性。

（3）胶结强度高。灌入裂隙中经过一定时间应能胶结成为坚硬的结石，起到充填与固结的作用。

（4）结石强度高。结石要具有一定的强度、黏结力和抵抗侵蚀的能力，以保证灌浆效果的耐久性。

1. 超细水泥

将水泥磨细至平均粒径为4μm，最大粒径为10μm，比表面积在8000m^2/kg以上，这时浆体稳定性好，固结时析水少，有利于防止新的渗水通道产生，可灌入渗透系数在$10^{-4}\sim10^{-3}$cm/s的细砂中。超细水泥可以单独使用加固建筑物的地基，也可以混以水玻璃使用，用于堵漏灌浆。

2. 硅粉水泥

硅粉是生产硅或硅铁合金的副产品，直径约为0.1μm的细微玻璃状球体。它是一种高活性材料，极细的硅粉颗粒可使浆液稳定，水泥颗粒不沉降，浆液亦不泌水，可得到触变性能的浆液。

（二）化学灌浆材料

水泥浆液由于颗粒粒径的限制，难于灌入一些细微裂缝，水泥灌浆还受水流流速的限制，一般灌浆规范中规定，地下水流速不大于600m/d。但在实际应用中地下水流速小于

80m/d才可灌注水泥浆，超过需在水泥浆液中掺加速凝剂。遇到基础涌水、基岩夹泥断层破碎带，水泥灌浆便无法操作。

1. 丙烯酸酯浆材（甲凝）

丙烯酸酯浆材是以甲基丙烯酸甲酯为主要原料配制而成一种低黏度液体，可灌性好，能灌入0.05mm的细微裂缝，在0.2～0.3MPa压力下，浆液能够渗入混凝土内4～6cm，起到浸渍作用，固化物黏结强度高，使得混凝土裂缝及其附近的缺陷得到加固。

2. 环氧树脂类浆材

环氧树脂具有黏结力强、收缩小、常温固化等特点，由于本身黏度较大，作为灌浆材料使用时必须降低其黏度。

四、水工混凝土修补新材料

我国对大坝的安全评价，分为正常坝、病坝和险坝。我国目前有水库8.5万多座，由于各种原因，其中约有40%存在事故隐患，部分大坝成为病坝、险坝，有的甚至出现溃坝、决口等安全事故。大坝的安全状况在其运行寿命期内处于动态变化的过程中，为了确保大坝实现其设定的安全经济运行的目标，必须对水工混凝土建筑物的健康状态进行实时监测与评估，提供有效、及时的防护与修补。水工混凝土是人造材料，从拌和制备、浇筑成型、养护到投入服役使用为抗力发育成长期，在成长期内混凝土的各项性能应达到设计指标。在随后服役期内混凝土在环境因素（如冻融、冻胀、温度和湿度变化、水流冲磨等）、化学介质（如水质侵蚀、溶蚀、氯离子侵蚀、碳化、钢筋锈蚀、碱骨料反应等）和交变荷载（周期性荷载作用等）作用下，其性能会逐渐发生变化，抗力随时间而衰减，直到不能满足安全运行要求。混凝土大坝安全运行与寿命的评价，要搞清服役期内在环境因素、化学介质和交变荷载等多因素作用下大坝混凝土的状况，以评价混凝土大坝的安全状况。然后，针对存在的问题，进行及时修补与加固，使建筑物的安全使用期限大大延长。

（一）病害检测与评估

水工混凝土建筑物的各种病害、缺陷，大多始发于或显露于结构表面，如裂缝、破损、磨蚀、渗漏、钢筋锈蚀以及结构外观变形等。有些病害的成因比较简单，仅根据现场仔细检查病害的形态、范围和程度就可以分析清楚。实际上，许多严重病害可以目测发现，但目测必须系统化，由经验丰富的技术人员进行。但有一些病害情况却很复杂，病因也很多，需要结合具体工程进行多方面检测试验或调查设计、施工资料，经过综合分析后，才能得出比较清楚的认识和恰当的评估。

对建筑物的病害做出正确评估，一方面应重视原型观测资料的分析，如位移、变形、渗水量、扬压力、裂缝扩展等，主要根据它们的变化趋势来评价建筑物的安全与否，这种方法简单易行，但更需要有经验的专业人员和专家相结合进行现场观察检测，以及对实测资料进行全面、综合的分析并做出安全评价。对建筑物的安全评价，现在还没有统一规范，也不可能有不变的统一标准，所以主要还是靠有丰富经验的工程技术人员，凭他们的实践经验，对各种资料做出正确的解释，并依靠从类似工程或处理类似工程得来的经验审慎地做出安全评估。裂缝是混凝土建筑物最常见的病害之一，可以说，所有混凝土建筑物都有裂缝存在，只是裂缝数量的多少及危害程度有所不同而已。裂缝大体上可分为两类：一是施工期出现的裂缝，主要是湿度、干缩引起的；二是运行期出现的裂缝，其原因比较复杂，包括荷载、温度、地震、基础变形及化学反应等。有些裂缝仅从外观形态、工程特征及环境条件上就可找到原因。若从混凝土密实度、保护层厚度、碳化深度等方面进行检测，将有助于深入认识并制定合理的处理方案。近年来在采用面波仪、探地雷达进行缺陷检测方面有较大的发展。

总之，各种类型的病害缺陷需要有与之相应的检查诊断手段，需要有经验的专业人员进行检测评估。大多数病害检测仍需要检测混凝土现实强度，同时可检查内部缺陷，如渗水路径、裂缝、孔洞、疏松夹层、混凝土与基岩接合情况等。当怀疑有碱骨料反应时，对芯样进行膨胀试验、切面观察、含碱量测定等，有助于综合分析和做出合理评价。

（二）新材料

1. 水泥基渗透结晶型防水材料

为解决混凝土的抗渗问题，新发展出一种水泥基渗透结晶型防水材料，它是由水泥、硅砂和多种特殊的活性化学物质组成的灰色粉末状无机材料。这种材料的作用机理是：特有的活性化学物质利用水泥混凝土本身固有的化学特性和多孔性，以水为载体，借助于渗透作用，在混凝土微孔及毛细管中传输，再次发生水化作用，形成不溶性的结晶体并与混凝土结合成整体。由于结晶体填塞了微孔及毛细管孔道，从而使混凝土致密，达到永久性防水、防潮和保护钢筋、增强混凝土结构强度的效果。《水泥基渗透结晶型防水材料》(GB 18445—2001) 已于 2002 年起正式实施。对原材料的试验方法、试件成型、养护以及性能试验均作出了规定，使水泥基渗透结晶型防水材料的应用趋于规范化。这一材料在水工混凝土建筑物防渗修补中逐渐得到应用，如天生桥二级、大坳、安康、十三陵水库等工程均取得良好的效果。可以预计，水泥基渗透结晶型防水材料将在水工混凝土建筑物防渗和补强方面得到广泛应用。

2. 聚合物水泥砂浆类材料

聚合物改性水泥砂浆作为防渗、防腐、防冻材料已在水工混凝土建筑物修补工程中得到广泛应用。水泥砂浆或混凝土加入少量胶乳材料改性后，其抗渗性、抗碳化和抗冻性显著增强。经过近 20 年的工程实践，证明这是一种性能可靠、经济、施工方便的修补材料，目前已列入有关设计规范和施工规程，施工速度及施工质量也大大提高。施工方法有人工涂刷、喷涂及灰浆机湿喷。聚合物胶乳品种很多，作者推荐采用丙烯酸聚合物改性水泥砂浆，因为它的机械性能和化学性能均优于其他乳胶。

3. 新型灌浆材料

利用环氧树脂和聚氨酯在一定条件下制备出可以形成同步互穿聚合物网络结构的新型化学灌浆材料（PU/EP－IPN）。该化灌材料综合了环氧树脂浆材和聚氨酯浆材的性能优点，水下混凝土灌浆试块的粘接抗拉强度达到 1.05MPa。浆材黏度不高，凝结时间可调，是一种性能优良、适用性强、适合水下灌浆的多功能新型灌浆材料。具有高弹性及可在水下固化的弹性聚氨酯材料与甲凝材料相互改性，利用交叉渗透交联工艺制备出 PU/PMMA 互穿聚合物网络弹性体灌浆材料，浆液黏度不高，可灌性良好，可在水下固结及形成弹性体防渗。在不添加任何溶剂时该浆液初始黏度在 280×10^{-3} Pa·s 以下，浆液在水下与混凝土表面固结后的弹性体延伸率达 150%以上时，仍与混凝土表面黏结良好而不脱落。

（三）新技术及工艺

1. 水下修补材料及水下修补技术

“九五”期间结合水利部科技重点攻关项目研究，中国水利水电科学研究院及南京水利科学研究院分别研制出适于水下修补施工的嵌缝材料GBW遇水膨胀止水条、水下快凝堵漏材料、PU/EP、IPN水下灌浆材料、水下伸缩缝弹性灌浆材料、水下弹性快速封堵材料等。这些材料大多采用先进的高分子互穿网络技术，根据水下修补施工的特点，材料的固化时间可调。曾在安徽陈村水电站坝上游面水下伸缩缝修补和引滦入津隧洞水下底板裂缝修补工程中进行了现场应用试验，效果良好。水下修补施工的机具设备亦有很大发展，一些大坝水下工程公司具有液压泵、液压潜孔钻、液压梯形开槽机、液压打磨机等一系列先进施工设备，已形成水下裂缝及伸缩缝修补的成套技术。

水下不分散混凝土在众多工程中得到应用，近年来先后研制出UWB、NNDC、NCD、CP、SCR等多种水下不分散剂，可以配制出适用于水工薄层修补的水下不分散混凝土，在五强溪、葛洲坝等工程中已成功应用。随着应用领域的不断扩大，对这种材料的需求也会不断增长。此外，一种适于海水中施工的水下不分散混凝土材料，已在天津海堤施工中得到应用。《水下不分散混凝土试验规程》（DL/T 5117—2000）已颁布实施，对原材料的试验方法、试件成型、养护以及性能试验均作出了行业规定，使水下不分散混凝土的应用趋于规范化。

2. 水下检测技术

随着国家对大坝安全特别是大坝水下安全的重视，原有的采用潜水员和水下电视相结合的检测方法及水下建筑检测技术，已经不能满足大坝水下安全管理的要求。大连赛维资讯有限公司采用水下机器人与海量图像处理技术相结合的方法，开发了“水下观测成像多媒体软件应用系统”，实现了水工建筑物检测和管理的技术路线一体化。在这套系统中，根据大坝的结构，对水下情况、拍摄内容等因素，制定了拍摄规程，主要包括拍摄的方向，拍摄距离，摄影机焦距，速度，光照等内容。采用此种规范化的管理，减少了重复拍摄，提高拍摄速度，降低了成本，并且使拍摄的目标信息全面、规范，方便了后期处理。这一系列为大坝以及水工建筑物的安全和信息管理提供了可视化的安全管理平台，为数字化大坝的建立奠定了基础。由于大坝的面积很大，最终产生的全景图的数据量也很大，同时，每个隐患都有相应的AVI片断相对应，因此系统必须支持对海量数据的管理。系统同时采用三维重建技术结合表面贴图的形式提供大坝检测结果的三维数据结构，这使得专业人员可以更迅速快捷，非专业人员可以更形象地检索、浏览大坝的整体风貌和检测结果。大坝水下检查的一个主要目的是通过检测的资料获取大坝的安全状况，因此，必须找到大坝上的隐患情况。系统采用的是自动识别和人工识别相结合的方式，对寻找到存在隐患的指定范围内的画面进行轮廓提取，从而形成矢量化的图形轮廓。大坝隐患的跟踪和管理是大坝检查的重点，软件提供了对隐患进行跟踪管理的功能。目前，这一系统已在东北电管局下属的丰满电站、云峰电站和太平哨电站的第二轮安全定检中采用，效果良好。

3. 混凝土裂缝注浆技术

自从环氧树脂类高分子材料被用于混凝土建筑物裂缝修补工程后，至今它已成为仅次于钢材和水泥的第三种建筑材料被广泛应用。传统方法是靠人工控制用泵将树脂浆液注入裂缝内。由日本引入的“壁可”注浆技术，可通过橡胶管的弹性收缩压力自动完成注浆，缓慢均匀的灌浆压力可将缝隙中的空气压入混凝土毛细管中，并通过混凝土的自然呼吸作用排出，有效地避免了气阻现象，从而保证了灌浆质量。在无人看管的情况下，注浆管靠内部压力可以持续很长时间的自动注浆，需要人工操作的只是用泵将浆液压入到注射管内。尽管采用低压、低速注浆，却节省了大量人力和时间。

4. 碳纤维补强加固新技术

碳纤维补强加固技术是利用高强度（强度可达3500MPa）或高弹性模量（弹性模量$2.35\times10^5 \sim 4.30\times10^5$MPa）的连续碳纤维，单向排列成束，用环氧树脂浸渍形成碳纤维增强复合材料片材，将片材用专用环氧树脂胶黏贴在结构外表面受拉或有裂缝部位，固化后与原结构形成整体，碳纤维即可与原结构共同受力。由于碳纤维分担了部分荷载，降低了钢筋混凝土的结构应力，从而使结构得到补强加固。由于该材料耐久性好，施工简便，不增大截面，不增加重量，不改变外形等优点，日渐受到国内外工程界重视。碳纤维复合材料用于混凝土结构的补强加固技术从1997年由日本引进，在我国只有很短的历史，但发展迅速。近几年主要用于钢筋混凝土建筑物的梁、板、柱等构件的补强加固。在水工混凝土建筑物补强加固方面，已在山东和新疆的工程中采用了这项新技术。目前国内虽能少量生产碳纤维片，但在材质均匀及预浸树脂含量等关键技术方面与国外相比，尚有较大差距。黏结用的环氧树脂材料，对不同部位的使用功能和使用条件需选用不同型号，不同的性能指标。国产树脂性能比较单一，与国外产品相比，差异较大，这些都是国产材料急需解决的重要问题。

5. 新的施工设备

高压喷涂设备是为解决环氧树脂、聚氨酯等材料的快速、大面积喷涂而研制的。根据需要喷涂一遍至数遍，混凝土结构表面即可形成一定厚度的柔性膜层，从而达到抗冲耐磨、封闭混凝土防渗、防碳化、保护钢筋、延长结构使用寿命的目的。相对于以往施工中采用人工称量、混合、手工涂刷工艺，高压喷涂既节省工时，又可以保证涂层质量，可以说是喷涂工艺的重大进步。高压无气喷涂设备使用方便、省工省时。这一设备已应用于东风水电站泄洪中孔表面抗冲防护修补中。

（四）老化病害的预防

混凝土和钢筋混凝土建筑物的寿命应大于50年，可是从现实情况来看，许多水工混凝土建筑物过早出现各种各样的缺陷和病害，甚至尚未建成，就出现严重工程缺陷，或者刚投入使用，就不得不进行修补。如果考虑到这些现实情况，未来工程设计、施工和使用3个阶段都必须重视水工混凝土建筑物老化病害的预防措施。今后应优先考虑采用新材料、新工艺、新技术维修带病运行的建筑物，并不断地将更新的专门技术应用于新建筑。人们对混凝土材料的认识，从以往片面追求高强度逐渐转变为采用高性能混凝土，这种转变的本身就是重大的变革。近年来，高性能混凝土技术取得了长足进步，大量研究和工程实践表明，科学地选择材料和配合比，混凝土的性能改善还有巨大的潜力。由于多功能外加剂中的特殊活性物质的作用，使混凝土的性能得到改善或提高，这种混凝土非常耐用，几乎完全不渗透，而且非常耐磨蚀和抗冻融，可减少收缩裂纹，保护钢筋不受锈蚀。

由于规划设计阶段未能预知环境条件和使用情况的变化，建筑物可能潜伏严重事故的隐患。这种情况在适当时间是可以认识和防止的，即每隔一定时间，必须对建筑物的质量进行检查。这种检查或检测在适当的时候可以探测出在严重事故将要发生以前所起的变化，特别是准确、及时检测出反常状态。由运行管理人员和专家相结合进行现场认真观察和检测，对测量资料全面综合分析可做出安全评估。依靠有丰富经验的工程技术人员，凭他们的实践经验，对观察资料作出正确的分析。对建筑物总体老化演变各阶段定量的信息分析，发现尚处于萌芽状态中的危险，跟踪效应量的缓慢变化或偏移，对评价建筑物安全是十分重要的。

绝大多数水工建筑物的破坏过程都不是突然发生的，一般都有一个缓慢地从量变到质变的过程。日常认真细致的检查，经常的观测以及对其结果的分析，可以发现结构的缺陷，并确定消除缺陷的处理方案。局部细微的缺陷，如不加以维护修补，经历一定时间就可能发展成重大事故。建筑物上出现的缺陷，常常预示着某些潜伏的危险，因此，除了及时修补之外，还必须检查其原因并制定出消除缺陷的各种处理措施。实践表明，健全的管理制度和操作规程，是水工建筑物安全运行的保证。系统地记录各种检查结果、大小事故情况及其处理过程。这些资料的积累对掌握水工建筑物的实际工作状态是十分重要的。

五、土工栅格与土工膜

（一）土工栅格

栅格是用聚丙烯、聚氯乙烯等高分子聚合物经热塑或模压而成的二维网格状或具有一定高度的三维立体网格屏栅，当作为土木工程使用时，称为土工栅格（图 6－1）。土工栅格是一种主要的土工合成材料，与其他土工合成材料相比，它具有独特的性能与功效，常用作加筋土结构的筋材或复合材料的筋材等，主要用于煤矿井下开采时的护帮，可作为锚杆巷道、支护巷道、锚喷巷道等多种巷道的支护材料。用于假顶时，双层以上联合使用。

图 6－1　土工栅格

1. 土工栅格分类

土工栅格分为塑料土工栅格、钢塑土工栅格、玻璃纤维土工栅格和聚酯经编涤纶土工栅格 4 大类。

（1）塑料栅格。经过拉伸形成的具有方形或矩形的聚合物网材，按其制造时拉伸方向的不同可为单向拉伸和双向拉伸两种。它是在经挤压制出的聚合物板材（原料多为聚丙烯或高密度聚乙烯）上冲孔，然后在加热条件下施行定向拉伸。单向拉伸栅格只沿板材长度方向拉伸制成；双向拉伸栅格则是继续将单向拉伸的栅格再在与其长度垂直的方向拉伸制成。

由于塑料土工栅格在制造中聚合物的高分子会随加热延伸过程而重新排列定向，加强了分子链间的联结力，达到了提高其强度的目的。其延伸率只有原板材的 10％～15％。如果在土工栅格中加入炭黑等抗老化材料，可使其具有较好的耐酸、耐碱、耐腐蚀和抗老化等耐久性能。

（2）矿用栅格。矿用栅格是一种煤矿井下用塑料护帮网，以聚丙烯为主要原材料，经过阻燃、抗静电技术处理后，采用双向拉伸方法形成的整体结构的“双抗”塑料网。该产品便于施工，成本低，安全美观。

在煤矿工作中矿用土工栅格也称作煤矿井下用双向拉伸塑料网假顶，简称假顶网，是专门为煤矿井下回采工作面假顶支护和巷道护帮支护设计制造的，采用几种高分子聚合物并填加其他改性剂，经加热，挤压，成型，冲孔，拉伸，定型，卷取等工序制造而成。矿用土工栅格与金属纺织网，塑料编织网相比，具有重量轻，强度大，各向同性，抗静电，无腐蚀，阻燃的特点，是一种新型煤矿井下支护工程及土木工程用网状栅格材料。矿用土工栅格主要用于煤矿井下回采工作面假顶支护工程，也可用作其他矿山巷道工程、边坡防护工程、地下土建工程和交通道路工程的土石锚固、加强的材料，是塑料纺织网的最佳替代产品之一。矿用栅格的尺寸及偏差、力学性能、燃烧性能见表6-1～表6-3。

表6-1　　矿用栅格的尺寸及偏差

假顶网型号规格	JDPP 30×30 MS
横向网孔边长/mm	40±1.5
纵向网孔边长/mm	40±1.5

表6-2　　矿用栅格的力学性能

型号项目	单位	规格
		JDPP 30×30 MS
每延米横向拉伸强度	kN/m	⩾30
每延米纵向拉伸强度		
横向拉断伸长率	%	⩽25
纵向拉断伸长率		

表6-3　　矿用栅格的燃烧性能

燃烧方法	有焰燃烧时间/s		无焰燃烧时间/s	
	平均值	最大值	平均值	最大值
酒精喷灯	⩽3	⩽10	⩽10	⩽30
酒精灯	⩽6	⩽10	⩽10	⩽30

2. 技术优势

（1）摩擦不易产生静电。在煤矿井下的环境里，塑料网表面电阻平均值均在$1\times10^{9}\Omega$以下。

（2）阻燃性能良好。可分别达到煤炭行业标准MT 141—2005、MT 113—1995规定的阻燃性能。

（3）便于洗煤。塑料网的密度在0.92左右，小于水的密度，在洗煤过程中，破碎的网片漂浮在水面，易于被冲洗掉，防腐蚀能力强，抗老化。

（4）便于施工和运输。塑料网相对比较柔软，在施工中不宜划伤工人，而且具有容易卷曲打捆，矿用栅格剪裁和比重轻的优点，因而便于井下运输、携带和施工。

（5）纵横方向均有较强的承载能力。由于这种塑料网是双向拉伸而非编织的，所以网孔蠕变量小，而且网孔尺寸均匀，能有效防止碎煤块的掉落，保护井下工人的安全和矿井下工人的安全和矿车运行的安全。

3. 常用的土工栅格

(1) 钢塑土工栅格。以高强钢丝（或其他纤维），经特殊处理，与聚乙烯（PE），并添加其他助剂，通过挤出使之成为复合型高强抗拉条带，且表面有粗糙压纹，则为高强加筋土工带。由此单带，经纵、横按一定间距编制或夹合排列，采用特殊强化粘接的熔焊技术焊接其交接点而成型，则为加筋土工栅格。

产品特点：强度大、变形小；蠕变小；耐腐蚀、寿命长：钢塑土工栅格以塑料材料为保护层，在辅以各种助剂使其具有抗老化、氧化性能，可耐酸、碱、盐等恶劣环境的腐蚀。因此，钢塑土工栅格可以满足各类永久性工程100年以上的使用需求，且性能优，尺寸稳定性好。施工方便快捷、周期短、成本低：钢塑土工栅格铺设、搭接、定位容易、平整，避免了重叠交叉，可有效地缩短工程周期，节约工程造价的10%～50%。

(2) 玻璃纤维栅格。玻璃纤维土工栅格是以玻璃纤维为材质，采用一定的编织工艺制成的网状结构材料，为保护玻璃纤维、提高整体使用性能，经过特殊的涂覆处理工艺而成的土工复合材料。玻璃纤维的主要成分是：氧化硅、是无机材料，其理化性能极具稳定，并具有强度大、模量高，很高的耐磨性和优异的对寒性，无长期蠕变；热稳定性好；网状结构使集料嵌锁和限制；提高了沥青混合料的承重能力。因表面涂有特殊的改性沥青使其具有两重的复合性能，极大地提高了土工栅格的耐磨性及剪切能力。

玻璃纤维土工栅格的特点如下：

1) 高抗拉强度、低延伸率。玻纤土工栅格是以玻璃纤维为原料，具有很高的抗变形能力，断裂延伸率小于3%。

2) 无长期蠕变。作为增强材料，具备在长期荷载的情况下抵抗变形的能力即抗蠕变性是极为重要的，玻璃纤维不会发生蠕变，这保证产品能够长期保持性能。

3) 热稳定性。玻璃纤维的熔化温度在1000℃以上，这确保了玻纤土工栅格在摊铺作业中承受热的稳定性。

4) 与沥青混合的相容性。玻纤土工格栅在后处理工艺中涂覆的材料是针对沥青混合料设计的，每根纤维都被充分涂覆，与沥青具有很高的相容性，从而确保了玻纤土工栅格在沥青层中不会与沥青混合料产生隔离，而是牢固地结合在一起。

5) 物理化学稳定性。经过特殊后处理剂进行涂覆处理，玻纤土工格栅能够抵抗各类物理磨损和化学侵蚀，还能抵御生物侵蚀和气候变化，保证其性能不受影响。

6) 集料嵌锁和限制。由于玻纤土工栅格是网状结构，沥青混凝土中的集料可以贯穿其中，这样就形成了机械嵌锁。这种限制阻碍了集料的运动，使沥青混合料在受荷载的情况下能够达到更好的压实状态、更高的承重能力、更好的荷载传递性能及较小的变形。

(3) 聚酯经编涤纶土工栅格。聚酯纤维经编土工栅格选取用高强聚酯纤维为原料。采用经编定向结构，织物中的经纬向纱线相互间无弯曲状态，交叉点用高强纤维长丝捆绑结合起来，形成牢固地结合点，充分发挥其力学性能，高强聚酯纤维经编土工栅格具有抗拉强度高，延伸力小，抗撕力强度大，纵横强度差异小，耐紫外线老化、耐磨损、耐腐蚀、质轻、与土或碎石嵌锁力强，对增强土体抗剪及补强提高土体的整体性与荷载力具有显著作用。

(4) 双向拉伸塑料栅格。适用于各种堤坝和路基补强、边坡防护、洞壁补强，大型机场、停车场、码头货场等永久性承载的地基补强。

（5）双向拉伸塑料土工栅格。能增大路（地）基的承载力，延长路（地）基的使用寿命，防止路（地）面塌陷或产生裂纹，保持地面美观整齐，施工方便，省时，省力，缩短工期，减少维修费用，防止涵洞产生裂纹，增强土坡，防止水土流失，减少垫层厚度，节约造价，支撑边坡植草网垫的稳定性绿化环境，可取代金属网，用于煤矿井下假顶网。

（6）单向拉伸土工栅格。单向拉伸土工栅格是一种以高分子聚合物为主要原料，加入一定的防紫外线、抗老化助剂，经过单向拉伸使原来分布散乱的链形分子重新定向排列呈线性状态，经挤出压成薄板再冲规则孔网，然后纵向拉伸而成的高强度土工材料。单向拉伸土工栅格过程中使高分子成定向线性状态并形成分布均匀、节点强度高的长椭圆形网状整体性结构。此种结构具有相当高的拉伸强度和拉伸模量，抗拉强度达到100～300kN/m，接近低碳钢的水平，大大优于传统的或现有的加筋材料，特别是该公司此类产品更具有超国际水平的高早期（伸长率在2%～5%）拉伸强度和拉伸模量，给土壤提供了理想的力的承担和扩散的连锁系统。该产品拉伸强度大（大于150MPa），适应各种土壤。

（7）单向土工栅格。单向土工栅格用于加固软弱地基，土工栅格能迅速提高地基承载力，控制沉降量的发展，对道路基层的侧限作用能有效地将荷载分布到更宽的底基层上，从而减少基层厚度，降低工程造价，缩短工期，延长使用寿命。单向土工栅格用于加筋沥青或水泥路面：土工栅格铺设在沥青或水泥铺层底部，可减少车辙深度，延长路面抗疲劳寿命，还可以减少沥青或水泥铺面厚度，以节约成本。用于加固路堤坝边坡及挡土墙，传统的路堤尤其是高路堤的填筑往往需要超填且路肩边缘不易压实，从而导致后期边坡雨水侵袭，坍塌失稳的现象时有发生，同时需用较缓的边坡，占地面积大，挡土墙也有同样的问题，采用土工栅格对路堤边坡或挡土墙进行加固可减少1/2占地面积，延长使用寿命，降低造价20%～50%。决地基不均匀沉降、衍生气体排放等问题，且可最大限度地提高垃圾掩埋场的存储能力。

单向土工栅格的特殊用途：抗低温性；适应－45～－50℃的环境；适用于北方的少冰冻土、富冰冻土、高含冰量冻土不良地质。

（二）土工膜

土工膜以塑料薄膜作为防渗基材，与无纺布复合而成的土工防渗材料，它的防渗性能主要取决于塑料薄膜的防渗性能。目前，国内外防渗应用的塑料薄膜，主要有聚氯乙烯（PVC）和聚乙烯（PE）、EVA（乙烯/醋酸乙烯共聚物），它们是一种高分子化学柔性材料，比重较小，延伸性较强，适应变形能力高，耐腐蚀，耐低温，抗冻性能好。其主要机理是以塑料薄膜的不透水性隔断土坝漏水通道，以其较大的抗拉强度和延伸率承受水压和适应坝体变形；而无纺布亦是一种高分子短纤维化学材料，通过针刺或热粘成形，具有较高的抗拉强度和延伸性，它与塑料薄膜结合后，不仅增大了塑料薄膜的抗拉强度和抗穿刺能力，而且由于无纺布表面粗糙，增大了接触面的摩擦系数，有利于复合土工膜及保护层的稳定。同时，它们对细菌和化学作用有较好的耐侵蚀性，不怕酸、碱、盐类的侵蚀。

六、水利工程施工机械

1. 盾构机

盾构机，全名叫盾构隧道掘进机，是一种隧道掘进的专用工程机械，现代盾构掘进机集光、机、电、液、传感、信息技术于一体，具有开挖切削土体、输送土碴、拼装隧道衬砌、测量导向纠偏等功能，涉及地质、土木、机械、力学、液压、电气、控制、测量等多门学科技术，而且要按照不同的地质进行“量体裁衣”式的设计制造，可靠性要求极高。盾构掘进机已广泛用于地铁、铁路、公路、市政、水电等隧道工程。盾构机的基本工作原理就是一个圆柱体的钢组件沿隧洞轴线边向前推进边对土壤进行挖掘，如图 6-2～图 6-4 所示。该圆柱体组件的壳体即护盾，它对挖掘出的还未衬砌的隧洞段起着临时支撑的作用，承受周围土层的压力，有时还承受地下水压以及将地下水挡在外面。挖掘、排土、衬砌等作业在护盾的掩护下进行。

图 6-2 罗宾斯盾构机全貌

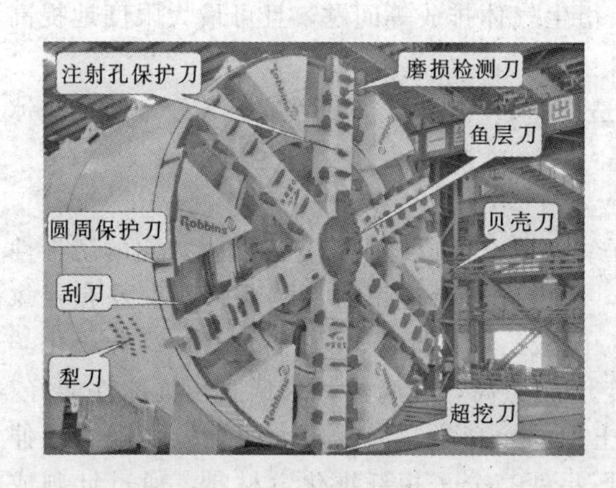

图 6-3 刀盘实物图

图 6-4 盾体外貌

（1）盾构机根据工作原理一般分为手掘式盾构，挤压式盾构，半机械式盾构（局部气压、全局气压），机械式盾构（开胸式切削盾构，气压式盾构，泥水加压盾构，土压平衡盾构，混合型盾构，异型盾构）。

（2）盾构机根据其适用的土质及工作方式的不同主要分为压缩空气式、泥水式，土压平衡式盾构机等不同类型。下面简单介绍后两种：

1）泥水式盾构机是通过加压泥水或泥浆（通常为膨润土悬浮液）来稳定开挖面，其刀盘后面有一个密封隔板，与开挖面之间形成泥水室，里面充满了泥浆，开挖土料与泥浆混合由泥浆泵输送到洞外分离厂，经分离后泥浆重复使用。

2）土压平衡式盾构机是把土料（必要时添加泡沫等对土壤进行改良）作为稳定开挖面的介质，刀盘后隔板与开挖面之间形成泥土室，刀盘旋转开挖使泥土料增加，再由螺旋输料器旋转将土料运出，泥土室内土压可由刀盘旋转开挖速度和螺旋输出料器出土量（旋转速度）进行调节。

根据盾构机不同的分类，盾构开挖方法可分为：敞开式、机械切削式、网格式和挤压式等。为了减少盾构施工对地层的扰动，可先借助千斤顶驱动盾构使其切口贯入土层，然后在切口内进行土体开挖与运输。

2. 全断面隧道掘进机

全断面隧道掘进机（full－face tunnel boring machine，IBM），自 20 世纪 50 年代以来就已经在施工行业大量使用，如今已是在国内外普遍采用的一种具有高科技水平的隧洞施工机械。当隧洞长度过长时，用常规钻爆法进行施工需要相当长的工期，TBM 法则适合长隧洞施工的需要。国外实践证明：当隧洞长度与直径之比大于 600 时，采用 TBM 进行对隧洞施工是经济的。TBM 广泛采用了监测、遥控、电子信息技术等对施工过程进行全面监控，使掘进全过程始终处于最佳状态，与常规钻爆法相比，其优越性主要体现在如下几个方面：①掘进速度快；②工作效率高，实现了 TBM 开挖、出渣、衬砌、回填、灌浆等工序的循环作业；③施工安全，TBM 施工作业始终在护盾的保护下有效地进行；④施工环境好，含尘空气由净化器除尘，无爆破烟尘；⑤成洞条件好，开挖面光滑平整，无超挖，对围岩基本无扰动。但是如果选型、设计不当，则会影响 TBM 掘进机开挖隧洞的优越性，严重的甚至会影响到工程施工工期。因此，选用合适的 TBM 掘进机对隧洞的施工有着极其重要的意义。

（1）盾构机与全断面掘进机（TBM）的区别。全断面掘进机（TBM）（图 6－5 和图 6－6）和盾构机笼统地说，都是一样，都是隧道全断面掘进。只是不同的工作环境应用不用的机械罢了。它们的主要区别如下：

图 6－5　全断面掘进机全貌

图 6－6　全断面掘进机进洞施工

1）适用的工程不一样，TBM 用于硬岩，盾构机用于土层的挖掘。

2）两者的掘进，平衡，支护系统都不一样。

3）TBM 比盾构技术更先进，更复杂。

4）工作的环境也不一样，TBM 是硬岩掘进机，一般用在山岭隧道或大型引水工程，盾构是软土类掘进机，主要是城市地铁，及小型管道。

（2）TBM 的类型与特点

1）按围岩地质条件分

A、在岩层中开挖隧洞的 TBM。通常用这类 TBM 在稳定性良好、中-厚埋深、中-高强度的岩层中掘进长大隧洞，这类掘进机所面临的基本问题是如何破岩。

B、在松软地层中掘进隧洞 TBM。通常用这类 TBM 在具有有限压力的地下水位以下的基本均质的软弱地层中开挖有限长度的隧洞。这类掘进机所面临的基本问题是空洞和开挖掌子面的稳定，当隧洞施工的主要目的是控制市区环境的地表沉降时，这一问题尤为突出。

2）按开挖直径分

A、微型 TBM，直径在 25～300cm，其直径较小，工作空间狭小。

B、中型 TBM，直径在 300～800cm，在我国引大入秦工程就是利用此类的 TBM。

C、巨型 TBM，直径均大于 800cm，设备比较笨重，在荷兰生态绿心隧洞中有所应用。

3）按护盾形式分

A、开敞式 TBM。

B、单护盾式 TBM。

C、双护盾式 TBM。

3. 混凝土泵车

利用压力将混凝土沿管道连续输送的机械。由泵体和输送管组成。按结构形式分为活塞式、挤压式、水压隔膜式。泵体装在汽车底盘上，再装备可伸缩或屈折的布料杆，就组成泵车。混凝土泵车是在载重汽车底盘上进行改造而成的，它是在底盘上安装有运动和动力传动装置、泵送和搅拌装置、布料装置以及其他一些辅助装置。混凝土泵车的动力通过动力分动箱将发动机的动力传送给液压泵组或者后桥，液压泵推动活塞带动混凝土泵工作。然后利用泵车上的布料杆和输送管，将混凝土输送到一定的高度和距离。

混凝土泵车

作业的混凝土泵车

七、水力机械

下面介绍三峡 70 万 kW 水轮机组概况。三峡水电站由于自然条件和以防洪为主的需要，初期水头 61～94m，后期水头为 71～113m，每年汛前水库水位降到 145m 高程，防洪库容 221.5 亿 m^3，水头变幅很大，额定水头 80.6m，给水轮机设计增加了难度。每套水轮机组主要由引水管、座环、蜗壳、导水机构、转轮、主轴、下机架、顶盖、转子支架、定子铁芯、定子线圈、尾水管等部件组成。单台机组出力 700MW，水轮机转轮名义直径 9.709/10.427m（VGS/Alstom），是当今世界最大的混流式水轮机转轮。机组采用 3 个导轴承的半伞式结构，推力轴承负荷 5050/5520t，为当今世界之最。发电机额定出力 778MVA，功率因数 0.9，为提高在高水头下水轮机运行的稳定性，发电机设计最大出力 840MVA，可连续运行。发电机额定电压 20kV，采用定子绕组水冷、转子空冷的冷却方式。发电机定子机座外径 21.42/20.9m，定子铁芯内径 18.5/18.8m，铁芯高度 3.13/2.95m，单台机组重约 7000t，均为世界之最。

（1）水轮机进水机构。每台机组有一根直径 12.8m 的特大型钢制引水管，如图 6－7 所示，由坝体进水口延伸到下游电站水轮机蜗壳前部，被浇筑在混凝土坝体中，是永久不修复部件。由 72 个管节组成，分上斜直段、下弯段、下平段、和锥管渐变段 4 部分，采用壁厚 26～60mm 的布氏硬度 HB 为 60kgf/mm^2 级高强度钢板卷制而成。单节重量在 20～50t 之间。

图 6－7　三峡右岸电站 12 根直径 12.8m 的特大型压力引水钢管

图 6－8　机组蜗壳与大坝引水管施工

（2）水轮机引水机构。蜗壳是引水机构的关键部件，外形如同蜗牛壳，如图 6－8 所示，进口最大直径 12.4m，从进口开始断面逐渐缩小，截面半径从最 6.2m 到 2.1m 不等，尺寸及重量均为国内之最。座环位于水轮机底部蜗壳内侧，上部安装水轮机转轮，为平板式组焊结构，由上、下环板、固定导叶、导流板、过渡板、大舌板等部件组成，如图 6－9 所示。VGS 供货的环座总重 382t。

（3）水轮机导水机构。导水机构位于蜗壳内部，通过活动导叶调节水轮机进水流量从而控制水轮机工况的部件，如图 6－10 所示。三峡水轮机导水机构由底环、顶盖、24 片导叶、控制环及导叶操作机构等大小千余个零件组成，总重近千吨。底环直径 11.6m，高

0.7m，重达112t，由4瓣28t的构件组装而成。顶盖直径13.29m，高2.275m，重达380t，分4瓣在工厂制作并作消除应力处理。24片导叶每片长约3m，重达11t。

图6-9　三峡水轮机座环

图6-10　水轮机导水机构

（4）水轮机主轴。三峡水轮机主轴为内法兰式，居世界同类产品之最，主轴直径达4.125m，长6.3m，壁厚116mm，重达117t，如图6-11所示。水轮机和发电机要通过主轴连接才能发电，对轴线的精度要求特别严，要求径向和端面跳动要小于0.05mm；其尺寸之大和质量要求之高，在世界水电设备制造史上都属空前。

图6-11　水轮机主轴

（5）发电机结构概况。三峡70万kW机组左岸发电机由Alstom/ABB和VGS联合体供货，右岸实现国产。采用推力轴承置于下机架的三导轴承半伞式结构，由转子、定子、上机架、下机架、推力轴承、导轴承、空气冷却器和永磁机等部分组成。额定容量777.8MVA/700MW，最大容量840MVA，额定电压20kV，额定电流22453A，额定转速75r/min，推力轴承总负荷5520t，采用定子绕组水冷、转子空冷的冷却方式，发电机总重量达3443t，是世界最大的水轮发电机。一台机组1小时发电量约为55万kW·h，足够10万户家庭用一天。

（6）发电机转子结构。转子位于定子内侧，是发电机的旋转部件，通过主轴与下面的水轮机连接，主要作用是产生磁场，如图6-12所示。转子由转子中心体、圆盘支臂、磁轭、磁极、扭矩块、上下压板、永久螺栓、上下挡风板、刹车板等部件组成，VGS供货的转子最大直径18.43m，高3.435m，重达1694.5t。阿尔斯通供货的转子最大直径18.738m，高3.639m，重达1780t，是当今世界已投产的水轮发电机组中重量最重的机组。加上吊具，吊装总重量近2000t。由发电厂房内安装的两台1200t级桥式起重机联合起吊安装。

图 6-12　三峡水轮发电机转子吊装施工

图 6-13　三峡水轮发电机定子吊装施工

磁轭是转子的关键部件，用于固定磁极，由 13500 多片转子磁轭冲片装配而成，重达 1300 多 t。每组磁轭冲片上均匀分布着 50 个孔，孔距误差在 0.05mm 内。以前国内一直采用冲床加工磁轭冲片，钢板边缘易起毛边，叠加装配不平整。而国外从 20 世纪 90 年代初开始使用激光切割机加工磁轭冲片。2002 年，东方电机厂通过国际招标，采用武汉华工科技的激光数控切割机，顺利完成磁轭加工。磁极是产生磁力线的部件，转子挂装的 80 个磁极，每个重达 5467kg。当转子通过主轴与水轮机一起旋转时，定子绕组不断切割磁力线产生电能。

(7) 发电机定子结构。三峡发电机定子由机座、铁芯、线圈等部件组成，如图 6-13 所示。机座外径为 21.42/20.9m，铁芯内径为 18.5/18.8m，铁芯高度为 3.13/2.95m，重达 326.4t。定子电流达 22453A，在如此大的电流和高电压作用下，发电机的定子线圈/线棒就显得尤为重要，在发电机运行及起、停过程中，线棒承受电磁力、热效应和机械应力的综合作用，还有在严重的短路情况下可能发生的振动和冲击变形，其是决定发电机寿命的关键部件。VGS 和 Alstom 提供的三峡发电机都采用定子绕组水冷、转子空冷的冷却方式，每台有 1020 根线棒，线棒主绝缘采用少胶带真空浸渍工艺制造。经过协商，外商同意哈电、东电按多胶带模压工艺，完成了主绝缘工作场强为 2.51kV/mm 的绝缘定子线圈制造，工艺精度达到技术要求，为今后技术发展奠定了基础。

经过十多年的努力，三峡水轮发电机组设备通过引进关键技术、消化吸收创新，国产化率不断提高，成功实现了从洋品牌到国产化的转变。通过“技术转让-消化吸收-自主创新”，用几年的时间完成了几十年的跨越，成为中国重大装备国产化的强有力助推器。随着金沙江向家坝水电站 80 万 kW 机组和白鹤滩、乌东德水电站单机容量 100 万 kW 机组陆续开始建设，我国科研人员将继续向世界水电设备行业最高水平发起冲击。

参 考 文 献

[1] 李世祥，成金华，吴巧生．中国水资源利用效率区域差异分析［J］．中国人口资源与环境．2008，18（3），215-220.

[2] 陈梦筱．我国水资源现状与管理对策［J］．经济论坛．2006（9），61-62.

[3] 陆杰斌．中国水资源危机成因的经济分析及其解决办法［J］．中国农学通报．2005，21（5）：400-403.

[4] 冯宝平，张展羽．区域水资源合理配置研究［J］．中国农村水利水电．2004（4）：33-35.

[5] 红远．区域水资源合理配置中的水量调控理论［M］．郑州：黄河水利出版社．2004.

[6] 周少华．中国水资源安全现状及发展态势［J］．广西经济管理干部学院学报．2009（4）．

[7] 周泽民，乔建宁．水资源现状分析与可持续发展的对策思考［J］．水利科技与经济．2010，16（9）：1051-1052.

[8] 程乖梅，何士华．水资源可持续利用评价方法研究进展［J］．水资源与水工程学报．2006，17（1）：52-56.

[9] 潘家铮．中国水利建设的成就问题和展望［J］．中国工程科学．2002，4（2）：42-51.

[10] 孟少魁．大坝对生态环境的影响及其对策［J］．中国三峡建设．2008，3：022.

[11] 国家统计局中国统计摘要 2001［M］．北京：中国统计出版社．2001.

[12] 水利部海河水利委员会．海河流域水资源规划（修改稿）．2001.

[13] 中国水利年鉴编委会．中国水利年鉴：2000［M］．北京：中国水利水电出版社．2000.

[14] 陈明忠，闫继军，谢新民，等．建设水资源实时监控管理系统——水利现代化的技术方向［J］．中国水利．2000（7）．

[15] 薛福连．新型耐高温耐腐蚀涂层材料——陶瓷塑料［J］．江苏陶瓷．2009，42（4）：31-32.

[16] 朱流．金属-陶瓷复合粉体制备与机理及其应用研究［D］．浙江大学．2006.

[17] 中华人民共和国水利部．2012 年中国水资源公报［N］．2014（5）．

[18] 中国环境监测总站．2013 中国环境状况公报［N］．2014（6）．

[19] 甘肃省水利厅．2012 年水资源公报［N］．2014（4）．

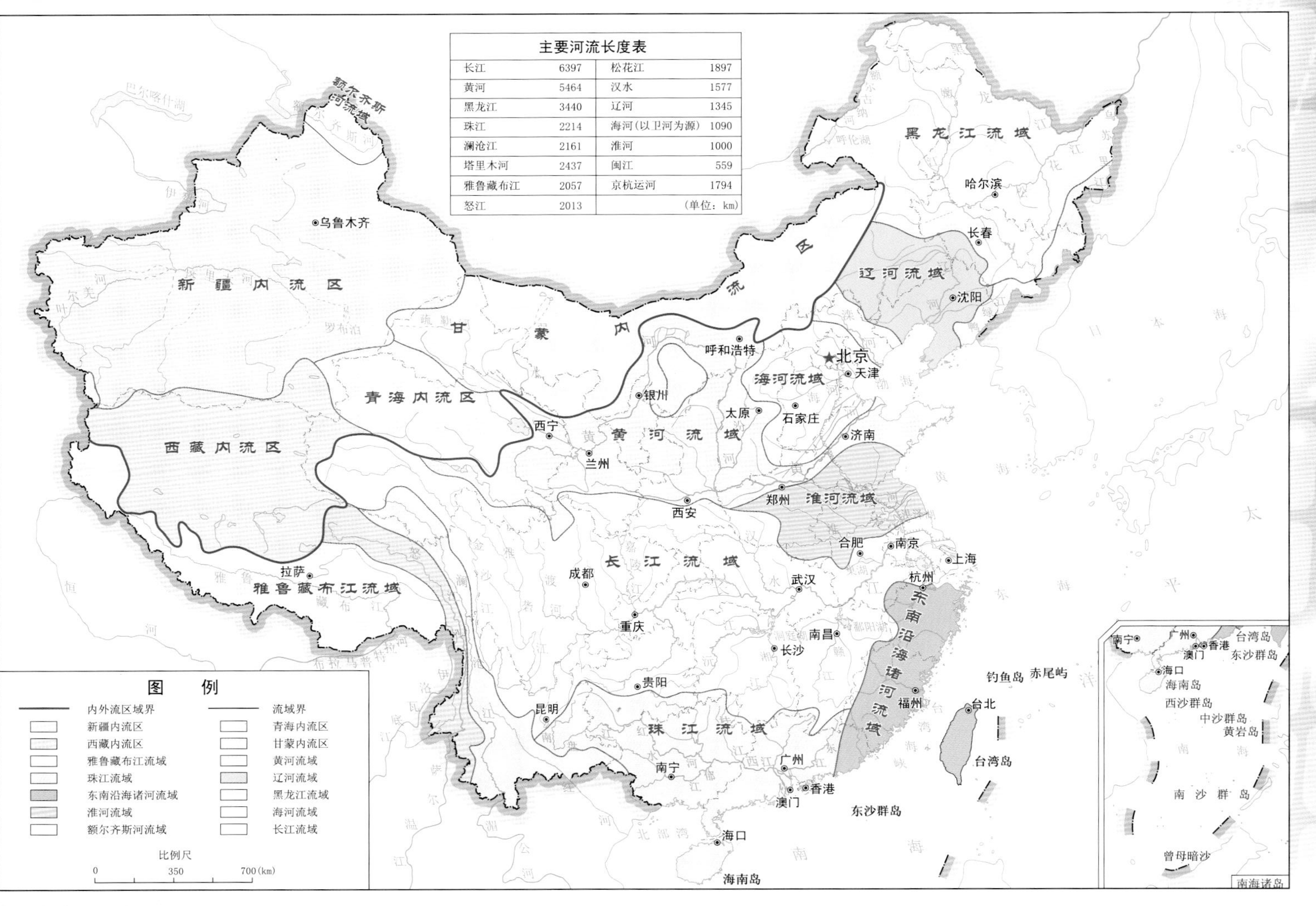
主要河流长度表

河流	长度	河流	长度
长江	6397	松花江	1897
黄河	5464	汉水	1577
黑龙江	3440	辽河	1345
珠江	2214	海河（以卫河为源）	1090
澜沧江	2161	淮河	1000
塔里木河	2437	闽江	559
雅鲁藏布江	2057	京杭运河	1794
怒江	2013		（单位：km）

彩图1　中国水系图

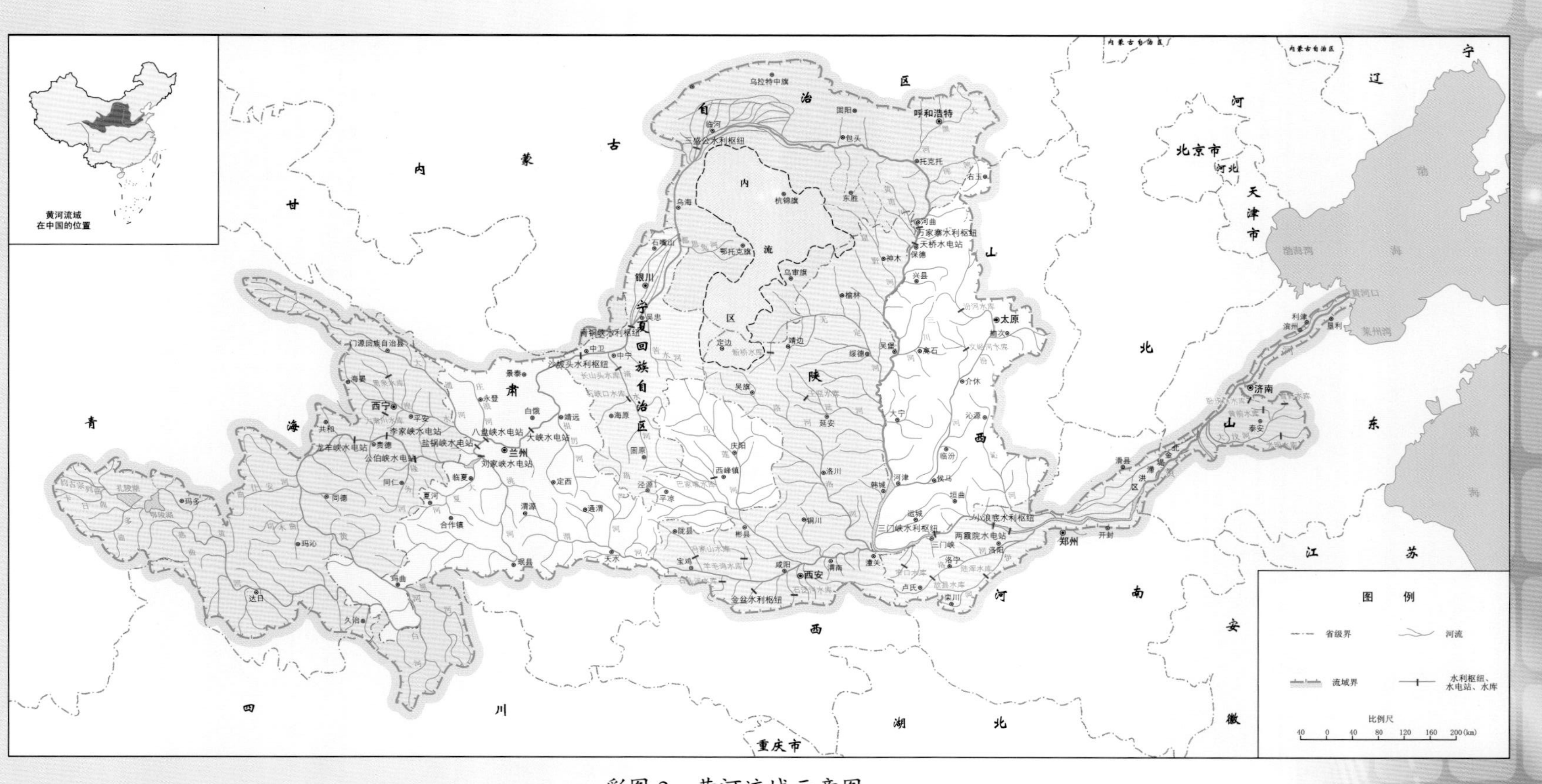

黄河流域
在中国的位置
图例
省级界
河流
流域界
水利枢纽、水电站、水库
比例尺
40 0 40 80 120 160 200(km)
北京市
天津市
河北
渤海
渤海湾
莱州湾
黄河口
呼和浩特
包头
托克托
银川
宁夏回族自治区
兰州
西宁
太原
西安
郑州
开封
济南
泰安
三门峡水利枢纽
小浪底水利枢纽
万家寨水利枢纽
天桥水电站
青铜峡水利枢纽
三盛公水利枢纽
刘家峡水电站
盐锅峡水电站
八盘峡水电站
大峡水电站
李家峡水电站
公伯峡水电站
龙羊峡水电站
金盆水利枢纽
两露院水电站

彩图 2 黄河流域示意图

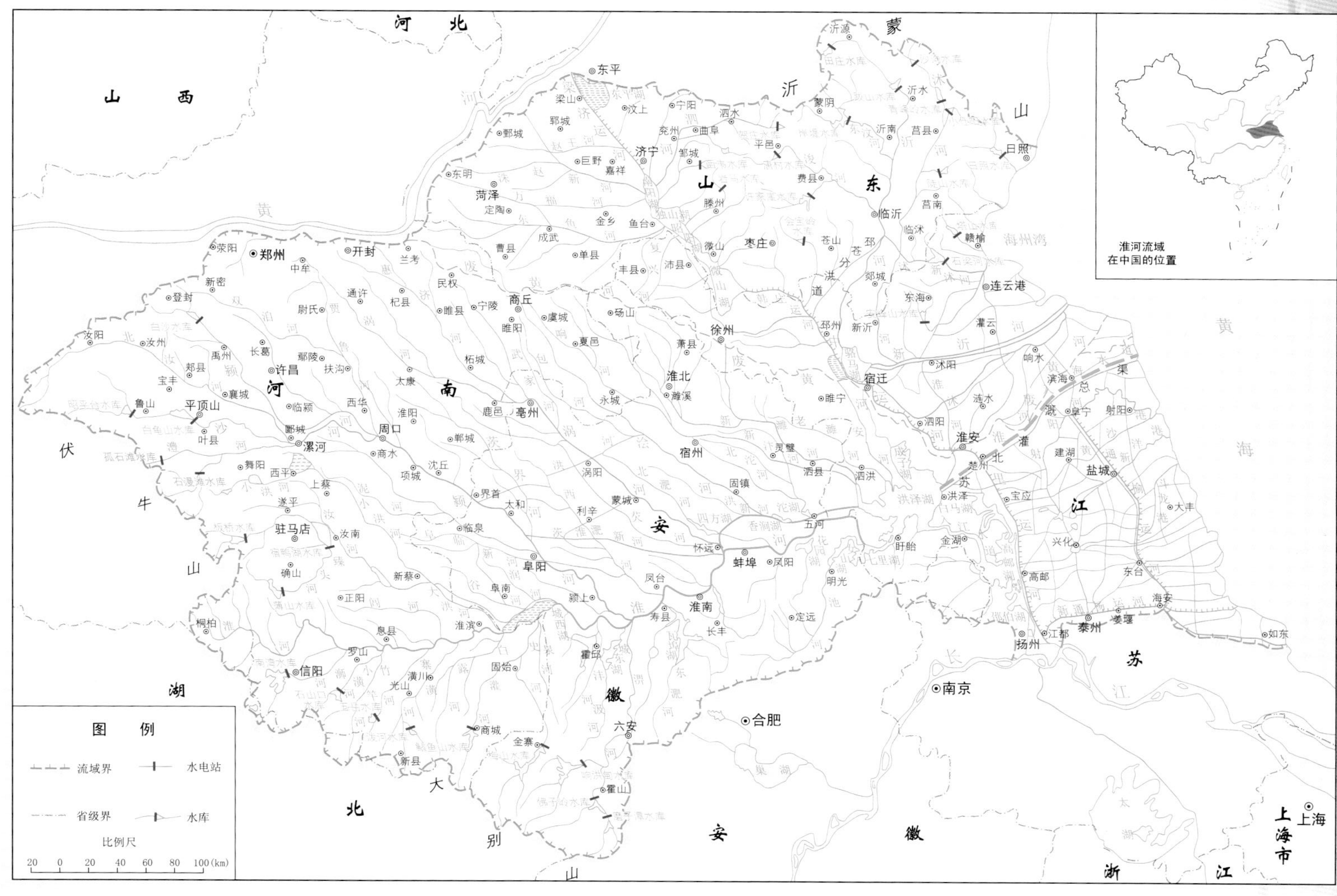
河北
山西
山东
河南
安徽
江苏
湖北
上海市
浙江
黄海
海州湾
伏牛山
大别山
沂蒙山
淮河流域
在中国的位置
郑州
开封
许昌
漯河
平顶山
驻马店
信阳
周口
商丘
亳州
阜阳
淮南
蚌埠
宿州
淮北
徐州
枣庄
济宁
菏泽
临沂
日照
连云港
宿迁
淮安
盐城
扬州
泰州
南京
合肥
六安
上海
东平
汶上
宁阳
泗水
曲阜
兖州
邹城
滕州
微山
梁山
郓城
鄄城
巨野
嘉祥
金乡
鱼台
东明
定陶
成武
单县
曹县
丰县
沛县
砀山
萧县
永城
夏邑
虞城
睢阳
宁陵
睢县
民权
兰考
杞县
通许
尉氏
中牟
荥阳
新密
登封
汝阳
汝州
禹州
郏县
宝丰
鲁山
叶县
襄城
长葛
鄢陵
扶沟
西华
临颍
郾城
舞阳
西平
上蔡
遂平
确山
汝南
正阳
息县
罗山
光山
潢川
新县
商城
固始
淮滨
新蔡
平舆
临泉
界首
太和
项城
沈丘
商水
淮阳
太康
柘城
鹿邑
郸城
涡阳
利辛
蒙城
颍上
阜南
凤台
寿县
霍邱
金寨
霍山
长丰
定远
凤阳
明光
怀远
五河
固镇
灵璧
泗县
泗洪
盱眙
洪泽
金湖
宝应
高邮
江都
姜堰
兴化
东台
海安
如东
大丰
建湖
射阳
阜宁
滨海
响水
灌云
涟水
沭阳
泗阳
睢宁
邳州
新沂
郯城
东海
临沭
莒南
赣榆
莒县
沂南
沂水
蒙阴
平邑
费县
沂源
桐柏
图例
流域界
水电站
省级界
水库
比例尺
20 0 20 40 60 80 100 (km)

彩图 3　淮河流域示意图

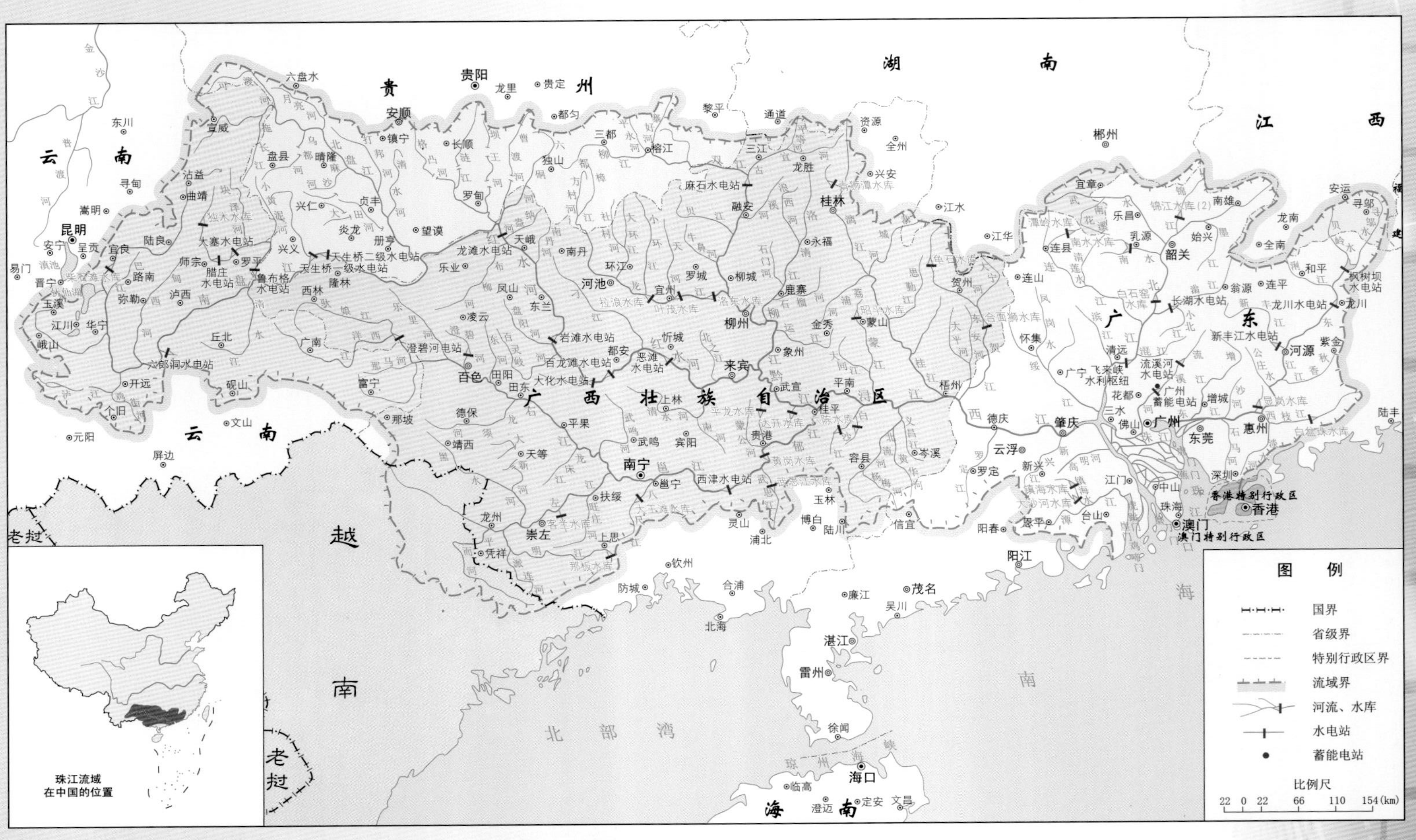

图 例
国界
省级界
特别行政区界
流域界
河流、水库
水电站
蓄能电站
比例尺
22 0 22 66 110 154(km)
珠江流域
在中国的位置
云南
贵州
湖南
江西
广东
广西壮族自治区
越南
老挝
海南
北部湾
昆明
贵阳
安顺
南宁
柳州
桂林
梧州
广州
肇庆
佛山
东莞
深圳
惠州
河源
韶关
香港
香港特别行政区
澳门
澳门特别行政区
海口
湛江
百色
河池
来宾
贵港
玉林
崇左
曲靖

彩图 4　珠江流域示意图

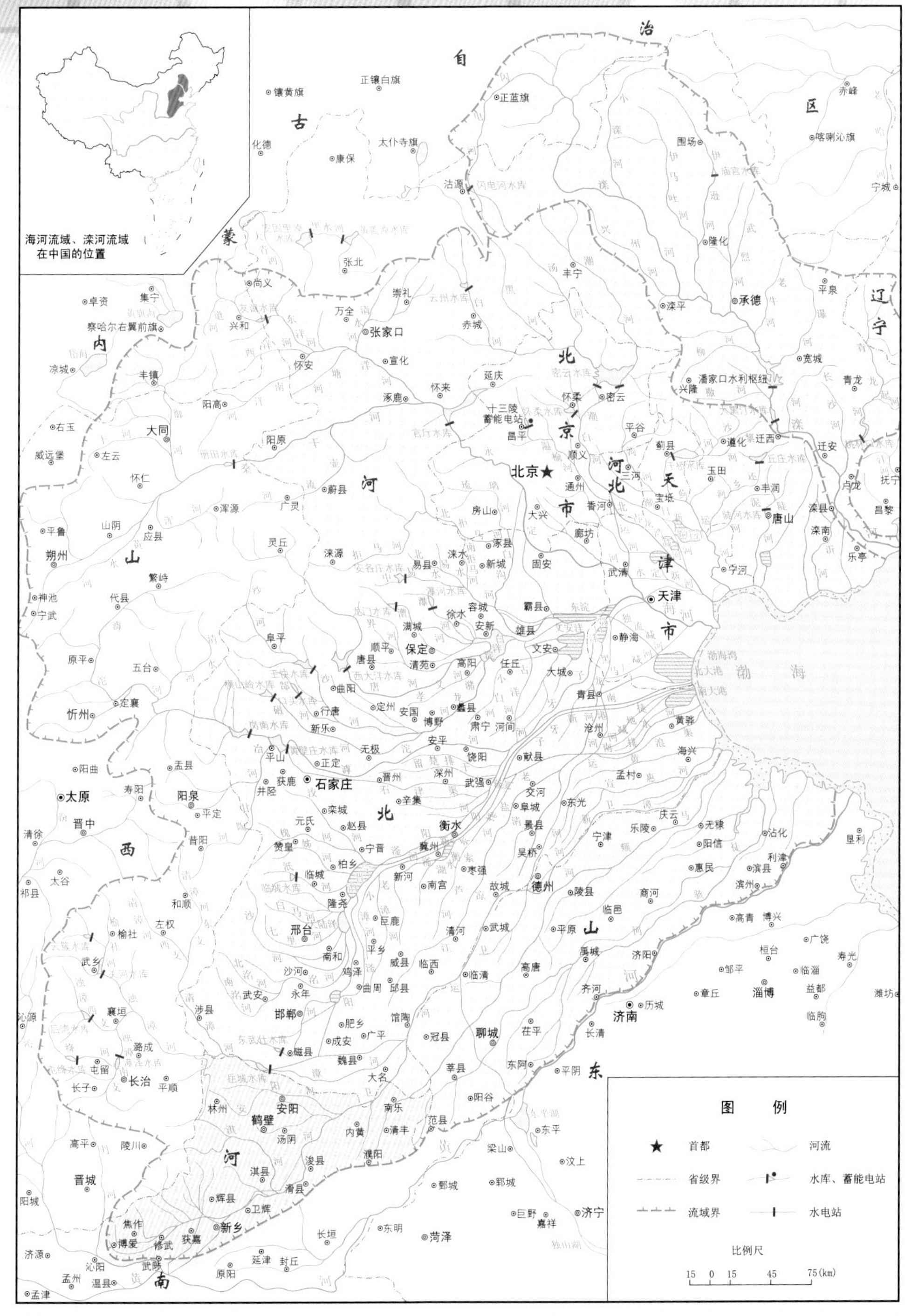
海河流域、滦河流域
在中国的位置
内
蒙
古
自
治
区
辽
宁
山
西
河
北
北
京
市
天
津
市
山
东
河
南
渤海
图 例
首都
河流
省级界
水库、蓄能电站
流域界
水电站
比例尺
15 0 15 45 75(km)
北京
天津
石家庄
太原
张家口
承德
唐山
保定
衡水
邢台
邯郸
安阳
鹤壁
新乡
焦作
长治
大同
德州
聊城
济南
淄博
潘家口水利枢纽

彩图 5　海河流域示意图

彩图 6　水污染导致藻类大量繁殖

彩图 7　污染的沱江水

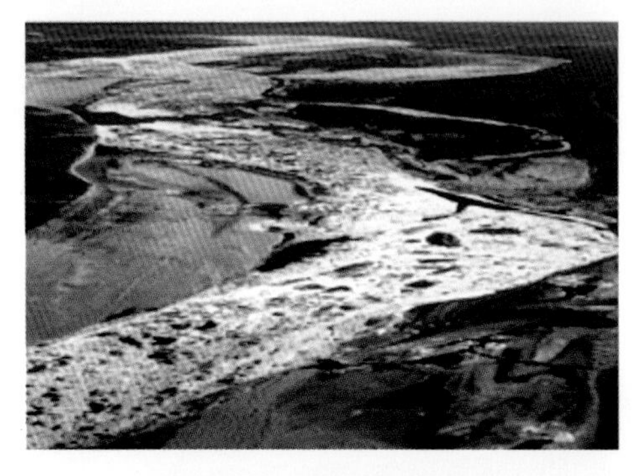

彩图 8　污染的松花江

彩图 9　太湖爆发蓝藻

彩图 10　水厂原水受酚类化合物污染

彩图 11　受镉污染的龙江河

彩图 12　受苯酚污染的镇江

彩图 13　受苯胺泄漏污染的浊漳河

彩图 14　都江堰水利工程

彩图 15　石龙坝水电站

彩图 16　长江三峡水利枢纽

彩图 17　刘家峡水电站

彩图 18　景电工程

彩图 19　葛洲坝水利枢纽

彩图 20　丰满水电站

彩图 21　拉西瓦水电站

彩图 22　公伯峡水电站

彩图 23　河床式电站（葛洲坝水电站）

彩图 24　法国朗斯电站——最大的潮汐电站